VERLAG ANTJE
KUNSTMANN

ARNULF CONRADI

ZEN UND DIE KUNST DER VOGELBEOBACHTUNG

Verlag Antje Kunstmann

Für Marianne, meine Mutter
(1915–1985)

Inhalt

I	Die Antarktis	7
II	Zen	35
III	Die Seen | Die Uckermark	59
IV	Zen, Natur, Lyrik | Bashō	87
V	Die Nordsee | Sylt	103
VI	Die Stadt | Der Grunewald	129
VII	In den Bergen | Balderschwang	145
VIII	Musik | Gesänge und Rufe	163
IX	Der Fluss | Die Peene	185
X	Die Insel | Helgoland	201
XI	Das Glück des Anfangs	221
	Danksagung	234
	Anmerkungen	235
	Der Autor	240

I

DIE ANTARKTIS

South Georgia versank langsam hinter uns, während ich im Heck des Schiffes stand und auf den ersten Albatros dieser Reise wartete. Der Albatros ist halb Vogel, halb Mythos, in vielen Gedichten besungen, dem Menschen nahe wie sonst vielleicht nur der Schwan. Die Berge der Insel, die Shackleton einst auf seiner verzweifelten Wanderung überquert hatte, lagerten nun als flacher, rauchfarbener Schatten über dem Horizont. Das Wasser war ein dunkles Grün mit einigen weißen Schaumkronen, die gleißend auftauchten und gleich wieder versanken, und am Himmel zogen dicke, vom Wind getriebene Kumuluswolken mit dunkelgrauen, regenerfüllten Rändern über uns hinweg. Zwischen ihnen zeigten sich hier und da blaue Flecken am Himmel, und ab und zu trat die Sonne aus den Wolken und hellte das Grün der langen Wogen auf, ließ die Gischt auf ihnen erstrahlen. Der kraftlose Sonnenschein war ein blasses Gelb, das die Kälte der Luft eher betonte als milderte. Zwei riesige, fast rechteckig geformte, kastenartige Eisberge lagen schimmernd in ein paar Meilen Entfernung an Steuerbord, strahlend weiß, wo die Sonne sie traf, und mit grünlicher und blauvioletter Schattierung der zerklüfteten Kanten, wenn Wolken über ihnen standen. Ihre enorme Oberfläche war schneebedeckt, und sie erstreckten sich bis zum Horizont, flach und weit wie tausend Fußballfelder. Da, wo blauer Himmel über den Eisbergen stand, schien der Schnee einen Stich ins Blaue zu haben, als spiegelte er schüchtern den Himmel. Sie waren vom Schelf abgebrochen und würden nun als kleine, eisige Kontinente Jahrzehnte im kalten Wasser dahintreiben, bis sie in wärmere Breiten gerieten und abschmolzen. Einer von ihnen schien eine lange Nase vor sich herzuschieben, denn grünes Wasser brach sich schäumend weit vor seiner narbigen Stirn. Die kalte, klare Luft ließ alles näher erscheinen, als es war. Die Antarktis ist der trockenste, windigste und kälteste Kontinent der Erde – und fast menschenleer.

Ich stand hinten am Heck und beobachtete die schwarzweiß getüpfelten Kapsturmvögel, die sich dem Schiff seit South Georgia angeschlossen hatten. Es waren etwa ein Dutzend, die über unserem Heckwasser schnell hin und her schossen, kreisten und sich immer wieder kurz auf dem Wasser niederließen. Die weißen Flecken auf ihren schwarzen Flügeln bildeten ein scheckig durcheinandergehendes Muster aus kräftigen Schwarz-Weiß-Gegensätzen. Kopf und Nacken der Kapsturmvögel sind ganz schwarz, der Rücken aber und der Bürzel weiß, und auf diesem reinen Weiß zeichnen sich bis in den Flügel hinein tiefschwarze, hier und da hingesetzte Tupfer in ganz verschiedenen Formen ab. Wie auf einem japanischen Gemälde standen da feine ebenmäßige Striche nebeneinander, kleinere und größere Flecken, einige zusammenhängend, andere wie Inseln. Zwei schwarze Balken dort, wo die unteren Flügelkanten an den Körper stoßen, trennten den Rücken vom Bürzel. Der Schwanz war ein breiter tiefschwarzer Streifen. Von der Kehle an war der Bauch strahlend weiß. Ein auffallender und ein auffallend schöner Vogel.

 Die Kapsturmvögel treiben sich auf dem ganzen südlichen

Ozean herum, im antarktischen Winter weichen sie bis hinauf zum Äquator aus – selbst im Mittelmeer sind sie schon beobachtet worden – und kehren dann in der Zeit von September bis Oktober zu ihren Kolonien zurück. Sie machen mit steifen Schwingen ein paar schnelle Flügelschläge und segeln dann knapp über den Wogen dahin, ganz ähnlich wie unser Eissturmvogel im Norden. Auch ein paar Taubensturmvögel mit ihrer blauschwarzen Zeichnung waren dabei, die geschwungene schwarze Linie wie ein umgedrehtes »W« auf dem Rücken. Ein Schneesturmvogel, ganz weiß mit dunklem Auge und dunklem Schnabel, strich vorbei, interessierte sich aber offenbar nicht für das Schiff. Das alles war schon faszinierend genug, um einen Vogelbeobachter auf dem kalten Heck festzuhalten.

Das Schiff lief mit der gleichmäßigen, endlosen Dünung des Südatlantiks nach Südosten, auf die South-Sandwich-Inseln zu. Wir befanden uns in den Breiten der »Roaring Forties«, die für ihre furchterregenden Stürme bekannt sind. In der Zeit des Segels wurden hier viele Schiffe, die immer wieder versuchten, gegen den vorherrschenden Westwind um das Kap Hoorn herumzukommen, nach Osten verschlagen. Wochenlang kreuzten sie, bis der Wind umschlug, oder sie wurden zurückgetrieben und scheiterten im Sturm. Ein »Kap Hoorner« zu sein galt als Ehrenzeichen unter den Seeleuten der damaligen Zeit. Diese kalten Gewässer mit ihren gewaltigen, stets nach Südosten laufenden Wogen müssen viele Schiffer, die in den Weiten des Südatlantiks herumirrten, zur Verzweiflung gebracht haben.

Der Albatros glitt aus der Himmelsrichtung, in der wir South Georgia hinter uns gelassen hatten, aus Nordwesten, auf das Schiff zu – die langen, schmalen Schwingen regungslos, in etwa fünf Metern Höhe über dem Meer. Auf diesen Augenblick hatte ich gewartet. Durch das Glas konnte ich erkennen, dass es ein junger Wanderalbatros war, das Gefieder noch nicht makellos weiß wie beim ausgewachsenen Wanderalbatros, sondern gefleckt, mit dunkelbraunen Streifen an den Armflügeln, mit dichtem Schwarz an den Flügelspitzen, das, zunehmend weiß gesprenkelt, bis zur Hälfte der Flügellänge reichte. Die helle Tüpfelung der Schwingen nahm mit der Nähe zum Körper deutlich zu und ging dann in ein strahlendes Weiß über, das nur von einem einzigen dunkelbraunen Streifen unterbrochen wurde. Der rundliche, kräftige Körper selbst war ganz weiß, nur der Schwanz trug eine schwarze Endbinde, die von schmalen weißen Längsstreifen durchbrochen war. Die Endbinde ist das letzte Merkmal, das der junge Wanderalbatros verliert, ehe er als erwachsener Vogel ganz weiß wird. Nur ein schmaler dunkelbrauner Rand, der sich zur Flügelspitze hin verbreitert, zieht sich dann noch auf der Unterseite an der hinteren Kante des Flügels entlang. Das Auge war ein dunkler Punkt mit einem kleinen schwarzen Dreieck am hinteren Augenwinkel, die hellgrauen Kopffedern bildeten über ihm eine schräg nach oben gerichtete Strichelung. Von vorne gesehen trug dieser junge Wanderalbatros noch eine braune Binde um den kräftigen Hals, die bis in die Brust hineinreichte. Der große Schnabel war ein blasses Pink, die beigefarbenen Beine ragten im Flug hinter dem kurzen Schwanz heraus.

Er hatte keine Mühe, das Schiff einzuholen, obwohl er seinen Flug mit keinem Flügelschlag unterstützte. Er schwebte ruhig herein, wie von einer unsichtbaren Hand geschoben. Die Schnelligkeit, mit der er das Schiff, das ja nicht langsam war, erreichte, war erstaunlich. Und ihn herangleiten zu sehen war ein unvergesslicher Augenblick.

Ich kannte das Dahinschweben der Möwen an der Ostseeküste, wo ich aufgewachsen bin. Schon als Kind habe ich bewundert, wie sie – oft auch gegen den Wind – ohne einen Flügelschlag über mir dahinzogen. Ich kannte das Kreisen der Seeadler am hohen blauen Himmel über der Uckermark. Auch das Schweben des Mäusebussards über den Kiefernwipfeln von

Brandenburg zusammen mit seinem wilden Schrei ist eindrucksvoll. Ich habe in Afrika Adler und Geier beobachtet, und in den Bergen Feuerlands habe ich den Kondor dahingleiten sehen. Der Albatros aber kam auf mich zugeschwebt, als trüge er eine Botschaft aus dem Herzen der Natur.

Dieses schwerelose Schweben ist Teil des evolutionären Wunders des Vogelflugs, der schon immer das Staunen und die Sehnsucht des Menschen geweckt hat. Ob es nun die kleinen Finken sind, die zwischen schnellen Flügelschlägen mit angelegten Schwingen dahinschießen, oder die unfassbar schnellen Schwalben und Mauersegler, die eleganten Raubvögel wie Milane oder Weihen oder die großen Segler wie die Geier und Adler in Afrika, der Kondor in Südamerika und der Albatros in den südlichen Breiten des Atlantik und Pazifik – der Vogelflug ist etwas, was die Dichter und Erzähler, aber auch die bloßen Beobachter immer schon inspiriert hat. Zu fliegen wie ein Vogel ist ein Menschheitstraum, der sich nie erfüllt hat.

Wenn man an der Nordsee im dünner werdenden Abendlicht auf einem Deich im Gras liegt und die Möwen und Limikolen über sich hinwegstreichen sieht und ihre Rufe hört, das Gefieder hell vor dem sich verdunkelnden Blau des Abendhimmels, dann spürt man etwas von dieser Sehnsucht. So möchte man auch dahintreiben, frei und leicht, nicht gekettet an die Erdenschwere. Vielleicht hat sogar der Impuls, Vögel zu beobachten, seinen tiefsten Grund in diesem Traum, diesem Wunsch, sie nachzuahmen und irgendwohin zu fliegen. Was für ein Gefühl muss es sein, die Erde unter sich zu sehen, die Wälder, die Seen, die Flüsse. Und wie grenzenlos ist die Freiheit der Vögel, sich zu bewegen, neue Routen zu fliegen und in fremden Landschaften zu landen. Denn die Vögel fliegen überallhin. Wenn man ihre Flugrouten betrachtet, ergeben sich ganz neue geografische Verbindungen, nicht nur große Entfernungen, die sie mit immer noch rätselhaftem Orientierungssinn überwinden, sondern auch seltsame, fast spielerische Umwege – Schleifen und Ausflüge, die der Logik und der Ökonomie der Kräfte zu widersprechen scheinen. So fliegt unsere Küstenseeschwalbe, um ein extremes Beispiel zu nennen, in den äußersten Süden der Erde (ich habe sie selbst in der Antarktis gesehen), um ausgerechnet dort, wo es am kältesten ist, zu »überwintern«. Damit nicht genug, fliegt sie die afrikanische Ostküste hinunter und wechselt dann nach Südamerika über, wo sie über Feuerland die Antarktis erreicht. Es gibt Ornithologen, die ernsthaft die These vertreten, das uralte Gedächtnis dieser Vögel habe eine Zeit gespeichert, in der die beiden Kontinente noch zusammenhingen oder zumindest dichter beieinanderlagen. Und die Surfbirds, die ich im Norden Kanadas, am Polarkreis beobachten konnte, fliegen die ganze nordamerikanische Pazifikküste hinunter, weiter an der südamerikanischen Küstenlinie hinab, um dann nach Westen abzubiegen und ein paar Inseln in den Weiten des Pazifik aufzusuchen. Wie sollte man sie nicht beneiden, nicht der träumerischen Sehnsucht nachgeben, so zu sein wie sie?

Der Vogelflug hat auch den Glauben der alten Völker an göttliche oder übersinnliche Zeichen und Botschaften angeregt. Vor großen Entscheidungen suchten die Auguren dieser Zeit Hinweise auf den Willen der Götter und das Schicksal der Menschen im Flug der Vögel. Die langen Ketten der ziehenden Vögel am Horizont wirken wie rätselhafte Schriftzeichen, wie eine Kalligrafie der Natur. Ich habe an klaren Abenden vor allem an der Ostküste der USA endlose und kaum einmal unterbrochene Reihen von fernen Vögeln gesehen, etwa auf Martha's Vineyard oder auf den Outer Banks von North Carolina, nur Tupfer vor dem lichtgrauen Himmel – unendlich viele, die auf dem Weg nach Süden waren, ein Anblick, der selbst wirkte wie ein Traum. Aus der Ferne erscheinen sie wie eine Schrift der Natur, die niemand entziffern kann. Aber ihr Anblick ist

Anlass genug, die Botschaften der Natur aufzunehmen, Botschaften, die uns aufrufen, sie zu schützen und zu erhalten.

Wenn man eine Landschaft liebt, sie immer wieder aufsucht – das Land am Meer, die Berge, die Seen der Uckermark –, verbinden sich mit ihr nicht nur der optische Eindruck, sondern auch die Laute, die man wahrnimmt, vor allem die Rufe der Vögel, die dort häufig vorkommen und die zum Symbol dieser Landschaften werden. Die Lachmöwe an der Ostsee etwa, der Schrei der Silbermöwe oder der Ruf des Austernfischers an der Nordsee, der Anblick des Seeadlers am hohen blauen Himmel über den Seen der Uckermark. Wie tief diese Verbindung geht, merkt man, wenn man etwa in einem Film den meckernden Ruf der Lachmöwe hört – die Assoziationen stellen sich fast sofort ein. Man glaubt, dort zu sein. Diese Rufe lösen nicht einfach nur Erinnerungen aus, sie versetzen einen zurück, ganz unwillkürlich, und sie sind immer auf schwer fassbare Weise mit Sehnsucht verbunden. Es ist etwas Zeitloses in den Rufen der Vögel. Stammesgeschichtlich sind sie sehr alt – sie stammen von den Reptilien ab. Wenn man den klagenden Ruf der Silbermöwe hört, weiß man, dass dieser Laut über dem Watt der Nordsee schon ertönte, als es noch keine Menschen gab. Dieses Gefühl der Zeitlosigkeit gehört auch zu der Empfindung, die man, wahrscheinlich unbewusst, in sich spürt, wenn man abends an der Nordsee am Watt entlanggeht. »Einsames Vogelrufen, so war es immer schon«, heißt es bei Storm in einem seiner schönsten Gedichte.[1]

Der Albatros ist der Vogel der Weite des Meeres, der endlosen Freiheit, der Eintönigkeit der dahingleitenden Wellen, der Gewalt der Stürme, die sich hier ungehindert entfalten können. In den vierziger, fünfziger und sechziger Breiten der Meere befindet sich sein Lebensraum, und der zieht sich um den gesamten Globus. Bis zu tausend Kilometer an einem Tag kann der Wanderalbatros zurücklegen, mit sehr geringem

Energieaufwand. Offenbar ist es ihm möglich, die Flügelgelenke in Ellenbogen und Schulter (wenn man es beim Vogel so nennen darf) zu arretieren, sodass er keinerlei Energie verliert. Nach neueren Beobachtungen steigen die großen Vögel dann und wann in größere Höhen auf – bis zu zehn oder fünfzehn Meter –, woraus sie sich mit einer steilen Flugkurve und hinterher im allmählichen Sinkflug neue Energie holen, um dann wieder mit regungslosen Schwingen dahinzuschweben. Die Wissenschaftler haben es sogar geschafft, den Puls der Segler zu messen, und sie stellten fest, dass er beim dahingleitenden Albatros fast dem Ruhepuls entspricht. Das ist nicht weiter überraschend, wenn man weiß, dass der Albatros im Flug schläft.

Land betreten die Albatrosse nur, um sich fortzupflanzen. Wenn sie ein Junges haben – meist ist es nur eines –, wird es von den Alten so reichlich mit Nahrung vollgestopft, dass es schließlich schwerer ist als ein Elternvogel. Ist das Junge groß genug, um allein gelassen zu werden, gehen beide Eltern auf Nahrungssuche und kehren nur noch in Intervallen zum Nest zurück. Früher hat man gedacht, sie überließen das Junge ganz seinem Schicksal, aber das scheint nicht der Fall zu sein. Jedenfalls ist das Fett, welches das Junge angesammelt hat, überlebenswichtig, denn bei den seltener werdenden Besuchen der Eltern muss das Junge davon leben, bis es lernt, zu fliegen und selbst für seine Nahrung zu sorgen. Keine geringe Aufgabe für einen Jungvogel. Hat der Albatros kein Junges – und die Vögel ziehen höchstens alle zwei Jahre ein Küken auf –, lebt er ausschließlich in der Luft und auf dem Wasser. Und wenn die Elternvögel ein Junges großgezogen haben, lassen sie bis zu vier Brutperioden aus, um sich zu erholen. Sie schließen eine Partnerschaft fürs Leben, und sollte der Partner sterben, braucht der oder die Hinterbliebene sehr lange, bis er oder sie eine neue Verbindung eingeht. Es ist kein Wunder, dass sich Ornithologen, die den Albatros studieren, Sorgen um die Zukunft des gewaltigen Seglers machen. Die neuesten Zählungen zeigen nach einer gewissen Erholung in den Achtziger- und Neunzigerjahren wieder starke Rückgänge bei fast allen Albatrosarten, und man kann nur hoffen, dass dies eine vorübergehende Erscheinung ist. Liebt man die Welt der Vögel, muss man sich, so scheint es, immer Sorgen machen.

Die Kälte hier in der Antarktis hatte nichts Passives, sie fiel einen an wie eine Naturgewalt. Aber ich spürte sie nicht mehr, hatte auch jedes Gefühl dafür verloren, wo ich mich befand. Ich verschwand in dem magischen Gleiten des großen Vogels, der da langsam auf mich zukam. In der Beobachtung wurde ich für lange Minuten Teil seines Fluges, Teil dieser Leichtigkeit und Schönheit. Es war ein Jetzt, ein Augenblick, der sich tief einprägt – eine Senkrechte in der Zeit. Es war das, was man beim Vogelbeobachten unbewusst sucht, das Erleben eines Fluges oder der Anblick eines Vogels, auf den man lange gewartet hat. Man kennt das alles aus Bildern und Filmen, aber der reale Anblick, das Erleben, übersteigt immer jede Erwartung.

Der Anblick ist wie ein Stoß, und die Erfahrung geht durch den ganzen Körper – es ist offensichtlich kein nur zerebrales Ereignis, sondern wird sinnlich wahrgenommen, es erfüllt einen ganz und gar. Und die Aufgabe, die sich stellt, wenn man es erlebt, liegt darin, dieses Gefühl des sinnlichen Anstoßes möglichst zu verlängern, es für sich auf lange Zeit, vielleicht für das Leben fruchtbar zu machen. Man kann den Anblick eines Vogels nicht allein theoretisch vermitteln, indem man sagt, ich habe ihn gesehen, da und dort, und er sieht so und so aus. Das geht an der Unmittelbarkeit eines solchen Erlebnisses vorbei. Wenn man den Albatros sieht, ist man ganz bei dem Albatros und zugleich ganz bei sich. Da gibt es eine schwer zu erklärende Identität zwischen dem Sehenden und dem, was er sieht.

Und von diesem Augenblick, diesem kostbaren Jetzt, geht eine große Ruhe aus.

Der Albatros zog an dem Schiff vorbei, flog in einem weiten Bogen um uns herum und ließ sich auf dem Wasser nieder. Offenbar hatte er mit seinem scharfen Auge irgendetwas Essbares auf dem Wasser gesehen und nahm es nun auf. Jetzt konnte ich den Kopf in Ruhe studieren und das Friedliche, Ruhige, das von seinem Gesichtsausdruck ausging, bewundern. Und nun sah ich auch den leichten Rosaton des Schnabels, von dem ich gelesen hatte. Lange trieb er in den Wellen so dahin, bis er schließlich mit einer gewaltigen Anstrengung den Körper aus dem Wasser hob und mit langem, platschendem Anlauf der breiten Füße wieder in sein eigentliches Element, die Luft, aufstieg. Sobald er eine gewisse Höhe, etwa zehn Meter, erreicht hatte, ging er in sein ruhiges Schweben über, flog mit regungslosen Flügeln ein paar Kurven und strich dann davon. Ich verfolgte ihn mit dem Glas, bis ich ihn im Dunstgrau des Horizonts verlor.

Es war nicht der erste Albatros, den ich sah. Neben einigen Schwarzbrauenalbatrossen, die ich in Südafrika von der Küste nördlich des Kaps der Guten Hoffnung aus beobachtete, habe ich zwei Albatrosse an einem sehr unwahrscheinlichen Ort gesehen – auf der Nordseeinsel Sylt. Ich war dort in der Nähe eines bekannten Restaurants am Strand entlanggegangen, um mich herum andere Spaziergänger, und ich war in Gesellschaft zweier Bekannter. Es war Ende April, kalt, und der starke Südwestwind trieb dicke Kumuluswolken weiß und grau schattiert über den blauen Himmel in Richtung Festland. Zwei ungewöhnlich große Vögel kamen von Südwesten her auf uns zugeflogen. Ich habe immer mein Fernglas bei mir, und ich blieb stehen und sah sie mir an, während sie noch auf den Strand zusteuerten. Dann drehten sie in einer einzigen, eleganten Bewegung ab und flogen nach Nordwesten wieder aufs Meer hinaus. Sie waren bis etwa siebzig Meter, so glaubte ich, an den Strand herangekommen. Ich erkannte sie sofort. Mollymauks, rief ich einem der Bekannten zu, während eine große Welle den Strand hinauflief und mir die Stiefel durchnässte. Mollymauk ist der ältere Name für den Schwarzbrauenalbatros. Die Engländer nennen alle mittleren Albatrosse »Mollymawks«, und diese Bezeichnung haben die Deutschen eine Zeit lang für den Schwarzbrauenalbatros übernommen. Ich hielt dem Bekannten das Fernglas hin und bat ihn aufgeregt, sich die Vögel anzusehen. Ich brauchte einen Zeugen, wenn ich die sensationelle Sichtung melden wollte, aber mein Bekannter war kein geübter Vogelbeobachter, kein »Birder«, und während er noch versuchte, mit dem Glas zurechtzukommen, waren die beiden großen Vögel schon zu weit weg, als dass man noch etwas hätte erkennen können.

Zu Hause, in der Wohnung, die wir gemietet hatten, begann ich zu telefonieren. Zuerst rief ich einen alten Bekannten auf Amrum an, den Buchhändler Quedens, der ein Kenner der Vogelwelt an der Nordsee war. »Sie haben Basstölpel gesehen«, sagte er mit großer Bestimmtheit. Ich war ein paar Monate zuvor in Irland gewesen und hatte vor der Westküste von Donegal Basstölpel beobachtet. Ich hatte sie sogar mehrmals gezeichnet. »Das waren keine Basstölpel«, sagte ich, »ich weiß, wie Basstölpel aussehen.« – »Sie haben Basstölpel gesehen«, sagte der alte Quedens mit norddeutscher Sturheit. Da war nichts zu machen. Auf einem DIN-A-4-Bogen begann ich dann, Telefonnummern aufzuschreiben: Beobachtungsstationen an der schleswig-holsteinischen Nordseeküste, Bekannte, die dort wohnten und Vögel beobachteten. Ich besorgte mir sogar die Nummern von zwei Schiffen, die weit vor der Küste kreuzten, um die Bedingungen für Windparks zu untersuchen. Drei Tage verbrachte ich mit diesen Versuchen, jemanden aufzuspüren, der die Albatrosse gesehen hatte. Es waren etwa vierzig Gespräche. Den Bogen mit den Nummern und Adressen habe ich immer noch. Niemand hatte sie gesehen, und aus jeder Antwort ging die tiefe Skepsis hervor, die zuerst der alte Quedens so deutlich zu erkennen gegeben hatte. Schließlich gab ich auf.

Erst jetzt, im Jahre 2017, auch im April, las ich, dass im Rantumbecken auf Sylt und auf Helgoland ein Albatros gesichtet worden war – von so vielen Vogelbeobachtern, dass kein Zweifel mehr möglich war. Ein Schwarzbrauenalbatros. Meine Sichtung der beiden »Mollymauks« lag da schon zwölf Jahre zurück.

Ich sage nichts Neues, wenn ich behaupte, dass jede Beobachtung eines Vogels zu einer gesteigerten Wahrnehmung der Natur beiträgt. Jeder Vogelbeobachter wird bestätigen, dass der Anblick eines unbekannten oder seltenen Vogels die Zeit dehnt, die man in der Anschauung verbringt. Ich habe mal in einem Vogelbuch gelesen, dass der Verfasser, der, wie er selbst sagte, ansonsten nur ein mittelmäßiges Gedächtnis besaß, sich sofort an einen Ort erinnern konnte, wenn seine Frau ihm sagte, welchen Vogel er dort gesehen hatte. Ich bezweifle das nicht im Mindesten. Ich glaube, ich erinnere mich an jeden Ort, wo ich einen Eisvogel gesehen habe, dieses fliegende Juwel aus schimmernden Grün- und Blautönen. Der Anblick oder besser das Erlebnis, einen Albatros auf sich zufliegen zu sehen, prägt sich so tief ein, dass man ihn noch nach Jahren wieder aufrufen kann.

Die Vogelbeobachtung stärkt etwas in uns, was man das visuelle Gedächtnis nennen kann, aber nicht nur das – auch die Umgebung, in der man dieses Erlebnis gehabt hat, prägt sich ein, sodass auch kleine und scheinbar unbedeutende Dinge in der Erinnerung haften bleiben. Es ist ein schwer zu schilderndes Erleben, weil man es oft nicht bewusst registriert, sondern in ihm verschwindet, und wenn man nach einiger Zeit »erwacht« – meist, weil der Vogel weg ist –, findet man sich nur schwer zurecht. Es ist, als müsste man einen Traum abschütteln.

Die Begegnung mit der Welt des Eises war atemberaubend – eine Welt der Stille und des Sturms und ganz und gar unberührt vom Menschen. Dies war wahrlich eine der letzten Gegenden der Erde, die seit Jahrtausenden unverändert dalag, und man wollte unwillkürlich ein Stoßgebet zum Himmel schicken, dass es doch um Gottes willen so bleiben möge. Es gab hier eine unversöhnliche Natur, die trotz der Kälte und der Stürme von Leben wimmelte, wo die Robben und Pinguine jagten und auf eine unendliche Fülle von Fischen, Tintenfischen und Krebsen stießen, wo die Wale ihren uralten Wegen folgten wie einst die Elefanten in Afrika.

Ich verbrachte viele Stunden am Heck mit dem Fernglas in der Hand und beobachtete die Vögel, die das Schiff begleiteten. Ich sah noch ein paar Wanderalbatrosse. Wir glitten langsam an einer Kolonie von Schwarzbrauenalbatrossen auf einer felsigen Landzunge vorbei. Sie sind nicht ganz so groß wie die Wanderalbatrosse, die Spannweite ihrer Flügel erreicht »nur« zweieinhalb Meter. Ihr Bauch und die Kehle sind weiß, der Schwanz ist ebenso dunkelgrau wie der Rücken, und die Flügel sind von oben gesehen ein stumpfes Braun, das aus der Ferne natürlich schwarz wirkt. Von unten gesehen, haben die langen Schwingen nicht nur am hinteren Rand ein schwarzes Band, wie beim Wanderalbatros, sondern auch am vorderen, sodass das erste Bild, wenn man sich der Klippe mit den vielen kreisenden Vögeln nähert, ein scheckiges Gewirr aus Schwarz-Weiß ergibt, wie ein abstraktes Gemälde, das man erst allmählich aufschlüsselt. Die Schwarzbrauenalbatrosse wirken im Ganzen etwas plumper und kräftiger als die Wanderalbatrosse, weil sie einen gedrungenen, kurzen Hals haben, sodass es scheint, als säße der schwere Kopf direkt an den langen braunen Schwingen. Sie heißen Schwarzbrauenalbatrosse, weil sie einen schwarzen Streifen am Auge besitzen, der allerdings weniger eine Braue ist, die ja über dem Auge sitzen müsste, als ein durch das Auge gehender Schatten, der vor dem vorderen Augenwinkel ein breiter Flecken ist und sich hinter dem Auge dünn und lang zuspitzt und dann erst wie eine feine Braue in einem Bogen ausschwingt.

Jeder Vorsprung der schwarzen Felsen war von Schwarzbrauenalbatrossen besetzt, und die Luft war voll von ihnen. Hunderte zogen da ihre Bahn und kreisten um den Felsen, wie ich es früher einmal auf Helgoland und vor einer unbewohnten Insel an der französischen Küste gesehen hatte, wo die Basstölpel sich wie ein drehender weißer Nebel um die aufragenden Felsen legten. Ich hätte das Schiff gerne angehalten, aber das war natürlich nicht möglich. Später besuchten wir eine Schwarzbrauenalbatros-Kolonie. Die Vögel waren von den näher kommenden Menschen nicht weiter irritiert, und wir wurden mehrmals Zeuge, wie zärtlich und ausführlich die Pärchen sich begrüßten, wenn Männchen oder Weibchen hereingeschwebt kamen. Es war ein rührendes Ritual, das man auch von anderen Vögeln kennt, etwa den Störchen in meiner Heimat Schleswig-Holstein, bei denen jedes Wiedertreffen ebenso überschwänglich ausfällt. Es ist, als wollten sie sagen: Ja, ich bin's, ich bin's wirklich. Es handelt sich da um eine Art Überdetermination, damit auf keinen Fall ein Irrtum unterläuft. Nur dass die Störche vielleicht von einem zwei Stunden währenden Ausflug wiederkamen, während die Albatrosse manchmal erst nach Tagen zu ihren brütenden Partnern zurückkehren. Die Kolonie erstreckte sich über ein ganzes Plateau, das zu einer steilen Klippe aufstieg, von der die Albatrosse bequem losfliegen konnten. Denn das Starten und In-die-Luft-Kommen ist für die Albatrosse keine ganz einfache Geschichte. Auf dem Meer brauchen sie einen langen, platschenden Anlauf, und auf dem flachen Land haben sie größte Mühe. Am besten geht es, wenn sie eine über dem Meer aufragende Klippe in der Nähe ihrer Kolonie haben, wo sie sich in den Aufwind fallen lassen können.

Viel hört man von den Albatrossen nicht, außer einem allgemeinen, vielstimmigen Murren in der Kolonie. Aber es gibt den Ruf eines Albatros, der die ganze Wildheit der Antarktis und des südatlantischen Ozeans in sich zu schließen scheint. Das ist der Schrei des Rußalbatros, dieses eleganten, schwarz und dunkelbraun gefärbten mittelgroßen Albatros, und ich hörte ihn sowohl an der Küste von South Georgia als auch auf den Shetlandinseln. Der Kopf dieses Albatros ist ganz schwarz, und schon daran erkennt man ihn sofort. Der Rücken ist ein helleres Grau, die Flügel sind dunkelbraun, wirken aber aus der Entfernung oft schwarz. Der schwarze Schnabel hat, wenn man den Rußalbatros im Glas genau betrachten kann, eine seitliche Rille im unteren Schnabel, die deutlich blau schimmert. Es gibt eine Unterart, die in nördlicheren Breiten lebt, und die besitzt auch so eine Rille, aber die ist orangefarben oder gelblich. Wie das kommt, weiß niemand. Hinter dem Auge des Rußalbatros steht ein Halbkreis weißer Federn, der dem Vogel einen stets erstaunten Ausdruck gibt.

Der Ruf des Rußalbatros besteht aus zwei Tönen, die manchmal ineinander übergehen, manchmal deutlich getrennt herauskommen, der eine Ton ist tiefer als der andere, beide sind lang gezogen und klagend und von einer fast schon unheimlichen Wildheit. Ich habe immer das gedehnte, miauende »hiiiäh« unseres Mäusebussards für den Vogelruf gehalten, der das Wilde und Freie der Natur am vollkommensten ausdrückt, aber der Ruf des Rußalbatros übertrifft ihn noch an Intensität und Melancholie – eine klagende, wilde Dunkelheit liegt in ihm. Die Rußalbatrosse führen anscheinend während der Paarungszeit wunderbare synchrone Formationsflüge zu zweit auf, bei denen sie einander mit diesem Ruf antworten, aber das habe ich nicht erlebt.

Der Wind war aufgefrischt, und bald befanden wir uns in einem der Stürme, die sich in den Weiten des Südatlantiks ungehindert austoben. Die Kreise der Gäste beim Abendessen lichteten sich, und eine Frau fiel mit ihrem Stuhl einfach nach hinten um. Sie wurde wieder aufgehoben, hatte sich nicht verletzt und aß bald weiter. In diesen Breiten, schon in der Nähe der ersten Ausläufer der Antarktis, blieb es auch nachts hell, und ich ging noch einmal hinaus aufs Heck, wo der Wind um die Metallgeländer pfiff.

Ein Schwarzbrauenalbatros folgte dem Schiff, und auf den bewegten Wellen schaukelte, fast ebenso groß, graubraun und massig, ein Riesensturmvogel herum. Sein Kopf war hellgrau mit dunklen Einsprengseln, ansonsten waren der Körper, die Flügel und der Schwanz dunkelgrau und braun gefleckt. Die ältesten Riesensturmvögel haben schließlich einen ganz weißen Kopf. Der mächtige, wie mit Platten gepanzerte Schnabel war gut zu erkennen, auf den ersten Blick erschien er gelblichbraun, aber wenn man näher hinsah, gab es da noch andere Farben, ein blasses Grün, Rosa und Ocker. Die Augen dieses Vogels waren hell und durchdringend, aber sie können in derselben Spezies auch dunkelbraun und graubraun sein. Überhaupt sind die Riesensturmvögel im Aussehen sehr variabel, hell und dunkel, ein wenig wie unser Mäusebussard, der lange die Ornithologen verwirrt hat, und zu allem Überfluss gibt es noch einen »südlichen« Riesensturmvogel und einen »nördlichen«, die schwer zu unterscheiden sind. Sie fliegen mit den für die Sturmvögel typischen starren, gerade gehaltenen Schwingen, gleiten aber nicht so elegant wie die schlankeren

Albatrosse, denen ihre längeren Flügel sehr viel mehr Beweglichkeit verleihen.

Ich kannte Sturmvögel aus den nördlichen Breiten – den Eissturmvogel etwa kann man auch auf Helgoland sehen, wo er sogar brütet. Sein riesiger Verwandter hier schien über die Maßen aufgebläht, eigentlich wirkte er zu massig, um überhaupt fliegen zu können. Ich hatte ihn ein paar Tage vorher schon an einem schwarzen Kiesstrand gesehen, den wir entlanggingen, und er war trotz der Menschengruppe, die da auf ihn zuwanderte, ganz ruhig sitzen geblieben. Ich konnte ihn in aller Muße studieren.

Der Riesensturmvogel hinter dem Schiff versuchte nun, in die stürmische Luft zu kommen, was aber bei der hohen Dünung gar nicht so einfach war. Er nahm mit klatschenden Füßen gewaltig Anlauf, machte ein paar Flügelschläge, kam knapp in die Luft, aber nicht hoch genug, um den nächsten dahinwandernden Wellenkamm zu überwinden, und fiel zurück ins Wasser. Einen Moment lang sah man nur Teile der ausgebreiteten Flügel über den Schaumkronen, der Kopf hob sich, und dann schwamm er wieder und musste sich erst einmal ordnen, was eine ganze Weile dauerte, sodass ich ihn immer wieder hinter den Wogen aus den Augen verlor. Dann nahm er wieder Anlauf, landete aber ebenso kläglich in einer grünen, am Kamm weiß aufschäumenden Welle. Erst beim vierten Mal gelang es ihm, genug Luft unter die Schwingen zu bekommen. Mit schweren Schlägen gewann er langsam und mühevoll Höhe, hob den schweren Körper Meter um Meter, noch immer dicht über den Wogen, ging schließlich ins Gleiten mit starren Flügeln über, schaltete dann wieder mächtige Schläge ein und strich schließlich in einer langen Kurve nach Süden davon.

Auf dem rollenden und schlingernden Heck hätte ich es nicht lange ausgehalten, ohne seekrank zu werden, aber ich hatte mir vom Schiffsarzt ein Pflaster hinter das Ohr kleben lassen, und deshalb kam ich in den Genuss eines Spektakels, das ich sonst verpasst hätte. Aus einem der tiefen Wellentäler schoss ein Schwarzbrauenalbatros hervor, stieg mit regungslosen Flügeln steil in den Wind, ließ sich vom Aufwind der Woge bis in eine Höhe von etwa zwanzig Metern hinauftragen, schien dort oben einen Moment wie ein großes schwarz-weißes Kreuz still zu stehen, die durchgehend dunklen Schwingen quer stehend, der weiße Kopf, der helle Bürzel und der dunkle Schwanz in der Senkrechten. Dann lehnte er sich in den Wind, ließ sich ein Stück zurücktragen und jagte schließlich, den treibenden Wind im Rücken, nach unten und in ein Wellental hinein. Unsichtbar für mich hielt er sich tief hinter der Woge, flog eine Strecke in dem Tal dahin, parallel zu den Wasserwänden an beiden Seiten, und schoss dann plötzlich etwa zwanzig bis dreißig Meter weiter im reißenden Aufwärtsflug aus dem Wellental und ließ sich vom Aufwind der Woge wieder in die Höhe tragen. Das ganze Manöver wiederholte er zu meiner Begeisterung immer wieder, als wollte er eine Vorstellung geben. Wenn er in einer langen Kurve am Schiff vorbeizog, sah man, dass er die breiten Füße zum Steuern benutzte, er hielt sie senkrecht neben dem kurzen Schwanz. Es war eine Darbietung von fliegerischer Eleganz und Kühnheit, die kaum zu übertreffen war, atemberaubend schön und wild zugleich, und sie schien ganz zweckfrei zu sein.

Warum machte der Vogel das, wenn nicht aus reiner Lust am Flug, am Vergnügen, mit dem harten Wind und der hohen See zu spielen? Ich hatte mich dasselbe gefragt, als ich ein paar Tage zuvor einen Wal aus dem Meer hervorbrechen sah, etwa dreihundert Meter vom Schiff entfernt. Es war ein Buckelwal, und er musste unter Wasser einen ungeheuren Anlauf genommen haben, um sich ganz aus seinem Element, dem Wasser, herauszukatapultieren. Das gewaltige Tier stand einen Augenblick senkrecht in der Luft, nur die Schwanzflosse blieb zu einem Teil im Wasser, um sich dann, langsam, so schien es, seitlich kippend wie ein gefällter Baum wieder mit einem enormen Aufklatschen und Aufschäumen ins Wasser fallen zu lassen. Es war ein Weibchen mit einem Kalb. Immer wieder tauchte es, blieb Minuten unter Wasser, um dann unvermittelt wie in einer Explosion senkrecht aus dem Wasser herauszubrechen. Das Kalb schwamm in der Nähe herum. Auch der Wal schien das »aus Spaß« zu machen – oder gibt es einen verborgenen Zweck hinter den Steilflügen des Schwarzbrauenalbatros und dem gewaltigen Herausschnellen der Wale? Freute sich die Walmutter so überschwänglich, weil es ihr gelungen war, ihr Kalb aus den wärmeren Wassern um den Äquator hier herunterzuführen, wo es endlich wieder unerschöpfliche Nahrung gab? Liebte der Albatros den Wind so sehr, dass er diese berauschenden Manöver vollführte? Geht das zu weit? Unterstellt man da Tieren zu viel an menschlichem Gefühl? Schon Darwin hat sich diese Frage gestellt. Beantworten kann sie niemand.

Der Schwarzbrauenalbatros führte noch immer sein Kunststück auf, aber das Schiff entfernte sich, stetig mit den Wellen rollend, weiter von ihm, und bald sah ich sein Aufsteigen im Aufwind der Woge nur noch als kleinen schwarz-weißen Punkt in der Weite des Meeres. Ich hielt ihn so lange wie möglich im Glas, überwältigt von diesem Schauspiel der Flugkunst auf der endlosen Bühne des Meeres.

Grenzen scheint der Schwarzbrauenalbatros nicht zu kennen. Die Welt ist klein für diesen großen Flieger. Er ist es, der manchmal nach Norden fliegt, immer weiter nach Norden, bis er vor Schottland oder Sylt, bei den Orkneys, den Shetlandinseln oder vor der norwegischen Küste auftaucht. Auch an der amerikanischen Ostküste ist er gesichtet worden, etwa vor North Carolina oder Massachusetts, und selbst an der grönländischen Küste hat man ihn beobachtet. Man sieht ihn in Südafrika, Australien und Neuseeland, im Indischen Ozean, aber vor allem ist er im Südatlantik zu Hause, in dem riesigen Seegebiet zwischen der Packeisgrenze und dem Wendekreis des Steinbocks, der sich etwa auf der Höhe von Rio de Janeiro und südlich von Madagaskar um den Globus zieht, aber es gibt auch Albatros-Kolonien im Indischen Ozean und im südlichen Pazifik. Offenbar ist er unermüdlich, keine Reise ist ihm zu weit.

Ich verließ das Heck und ging hinein, um mich irgendwo aufzuwärmen. Ich dachte an die beiden berühmten Gedichte, die sich mit dem Albatros verbinden, das von Baudelaire, in dem er den Poeten mit dem Albatros vergleicht – schwerfällig, fast hilflos an Land, was für den Poeten gleichbedeutend mit dem Alltag ist, und unerreicht in seiner Kunst des Fliegens, was für den Dichter natürlich der Flug der Fantasie ist.[2] Wobei Baudelaire glaubte, dass die riesigen Flügel des Albatros ihm beim Gehen an Land behinderten, was in der Logik des Gedichts liegt, aber ornithologisch nicht richtig ist. Dass er aber an Land sehr unbeholfen ist, besonders bei der Landung, ist wahr, wie ich des Öfteren beobachtet habe.

Das andere Gedicht ist die lange Ballade von Coleridge, »The Rime of the Ancient Mariner«[3], in der der alte Seefahrer immer wieder davon berichten muss, dass er einst mit seiner Armbrust einen Albatros erschoss. Ein Fluch liegt auf ihm, er ist gezwungen, bestimmten Menschen seine Geschichte zu erzählen. Und er erkennt jeweils sofort den Mann, der ihn anhören muss, auch wenn der viel lieber auf die Hochzeit einer Verwandten ginge. Aber zu dem Fluch gehört auch die Unfähigkeit des Angesprochenen, sich abzuwenden. Der Blick des Alten hält ihn unerbittlich fest, er muss zuhören. Seine Geschichte beginnt mit den klassischen Worten: »There was a ship …«, und der Gipfelpunkt ist das Eingeständnis, dass der alte Seefahrer ohne Not den menschenfreundlichen Albatros erschossen hat. Das ist sein Sündenfall, und dafür wird er bestraft, wie er auf die Frage des Hochzeitsgastes eingesteht:

God save thee, ancient mariner, from the fiends that
plague thee thus.
What lookst thou so? – With my crossbow I shot the
albatross.

Dieser Albatros ist sehr wahrscheinlich ein Schwarzbrauenalbatros gewesen, denn der folgt gerne Schiffen, und tut das oft über mehrere Tage. Angeblich verdankt sich die wilde Intensität des langen Gedichts der Tatsache, dass Coleridge unter dem Einfluss von Opium stand und das Gedicht wie in einem Fieberanfall niederschrieb. Später fürchtete er, die Leute würden nicht verstehen, was er da gesagt hatte, und fügte ganz überflüssige Kommentare und Erklärungen als Marginalien hinzu.

Bei zwei der ehemaligen Walfangstationen auf South Georgia, Grytviken und Stromness, die nun schon seit vielen Jahren verlassen waren und still verfielen, waren wir an Land gegangen. Die Station an der Stromness Bay war jene, in welcher der erschöpfte Shackleton mit seinen Gefährten Worsley und Crean auftauchte und von den erstaunten Walfängern in Empfang genommen wurde. Er hatte die Fahrt im offenen Boot von Elephant Island nach South Georgia hinter sich gebracht, etwa tausend Meilen in den stürmischsten Gewässern der Welt – eine der größten seemännischen Leistungen aller Zeiten. Worsley war es, der das Wunder einer Navigation vollbrachte, die verhinderte, dass sie auf dem weiten, wilden Meer an der kleinen Insel South Georgia vorbeisegelten – ins Nirgendwo. Sie waren an der Südküste gelandet und mussten die schneebedeckten Berge überqueren, die das Rückgrat der Insel bildeten, denn der Weg die Küste entlang war unpassierbar, und um die Insel herumzusegeln erschien Shackleton bei den stürmischen Winden zu gefährlich. Er wollte kein Risiko mehr eingehen, denn er wusste, dass die zurückgebliebenen Männer auf Elephant Island zum Untergang verurteilt waren, wenn er nicht zurückkehrte, um sie zu retten. Dass er sie nach zwei Jahren tatsächlich alle nach England zurückbrachte, macht seinen Ruhm aus und bedeutete ihm am Ende mehr als die Erkundung der Antarktis. Er ließ drei Männer der Besatzung an der südlichen Küste South Georgias zurück und versuchte, mit Worsley und Crean die schneebedeckten Berge zu überqueren, auf deren anderer Seite sich die Stromness Bay mit der Walfangstation verbarg. Die Überquerung erschöpfte ihn und seine beiden Begleiter so, dass sie mit Wahnvorstellungen zu kämpfen hatten. Berühmt wurde Shackletons hartnäckiges Gefühl, dass noch einer mit ihnen ging, eine rätselhafte Gestalt, die sich keiner von ihnen erklären konnte. Shackleton deutete das später religiös:

> Wenn ich an diese Tage zurückdenke, habe ich keinen Zweifel daran, dass die Vorsehung uns geleitet hat … Während jenes langen, zermürbenden Marsches von sechsunddreißig Stunden über die namenlosen Berge und Gletscher South Georgias hatte ich oft das Gefühl gehabt, wir seien nicht zu dritt, sondern zu viert. Ich redete darüber nicht mit meinen Gefährten, aber hinterher sagte Worsley zu mir: »Boss, ich hatte das seltsame Gefühl, als wäre auf dem Marsch noch jemand anderes bei uns gewesen.« Crean gestand mir dasselbe.[4]

Dieses Rätsel fand Eingang in T. S. Eliots großes Gedicht, das berühmte »The Waste Land«: »Who is the third who walks always beside you?«[5], heißt es da, wobei Eliot die drei, Shackleton, Worsley und Crean, auf zwei Männer reduziert hat. Sicherlich wusste Eliot, dass sie zu dritt waren, aber ein geheimnisvoller Dritter ist einfach poetischer als ein Vierter. Den letzten Steilhang auf der Nordseite South Georgias rutschten sie auf dem

Hosenboden herunter, weil sie nicht mehr die Kraft hatten, vorsichtig abzusteigen. Worsley und Crean wollten rasten und langsamer vorangehen, aber Shackleton trieb sie an. Sie mussten es noch an diesem Tag schaffen, darauf bestand er mit eiserner Willenskraft. Später stellte sich heraus, wie recht er gehabt hatte. In der Nacht brach ein Sturm los, den die entkräfteten Männer nicht überlebt hätten. Sie erreichten schließlich Stromness Bay, eine Walfangstation, in der sie zuerst mit Unglauben, dann mit Jubel begrüßt wurden.

Die drei Männer auf der anderen Seite der Insel wurden am nächsten Tag geholt, aber Shackleton brauchte unter den Bedingungen des Ersten Weltkriegs zweiundzwanzig Monate, bis er ein Schiff bekam, mit dem er seine Männer auf Elephant Island endlich erlösen konnte. Als er mit einem kleinen Schlepper vor Elephant Island auftauchte, zählte er sie noch vom Schiff aus mit dem Fernglas vor Augen. Sie waren vollzählig da.

1921 fuhr er noch einmal zu einer Expedition in die Antarktis, starb aber auf South Georgia an einer Herzschwäche. Bestattet wurde er in der Walstation Grytviken, wo man heute sein Grab besichtigen kann. Wie Stromness Bay wurde Grytviken schon vor vielen Jahren stillgelegt.

Diese aufgegebenen Walfangstationen sind Mahnmale des Kriegs der Menschen gegen die Natur. In alten Berichten ist die Rede davon, das Wasser der Stromness Bay sei an manchen Tagen rot gewesen vom Blut der Wale, die hier hereingeschleppt wurden, um zerlegt zu werden. Jetzt lagen auf dem Gebiet der ehemals geschäftigen, von Menschen wimmelnden Station zerfallende Schiffe, rostende Maschinen, vor allem riesige Winden, die die schweren Wale an Land gezogen hatten. Große Bretterschuppen mit flachen Anbauten, deren weiße Farbe längst vergilbt und rissig geworden war, standen verlassen herum, in einem kleineren Schuppen gab es noch Fässer, in die das Walfett, der Tran, gefüllt worden war. An den Decken der

Schuppen hingen verrostete Haken und Ketten. Es herrschte tiefe Stille, nur manchmal von den plötzlich einsetzenden Schreien der Möwen unterbrochen.

Der Verfall, vor allem der Rost, wurde von der trockenen Kälte so sehr verlangsamt, dass bei vielen der Werkzeuge und Maschinen noch erkennbar war, wozu sie einmal gedient hatten. Nichts war wirklich zerstört, alle Teile der Maschinen und Winden waren noch da, sie schienen nur erstarrt, als hätte ein plötzlicher Fluch sie gelähmt. Eine kleine Schienenstrecke zog sich vom Hafen hinauf zu den Hallen, in denen die Wale verarbeitet wurden. Ein paar Waggons mit niedrigen Ladeklappen, deren große Eisenräder unbeweglich geworden waren, standen dort herum, als warteten sie darauf, noch einmal beladen zu werden. Der vorherrschende Farbton war das Rotbraun des Rosts, das in das im Sonnenlicht strahlende Weiß des Schnees einsickerte. Überall zwischen den Häusern und Maschinen, den Schuppen und Hallen lagen die gewaltigen schwarzgrauen Leiber von schlafenden See-Elefanten, von dunkelbraunen Robben, Seehunden und Seebären, die sich die Station zurückerobert hatten. Sie kümmerten sich wenig um uns, die See-Elefanten öffneten vielleicht ein Auge, um uns zu betrachten, rührten sich aber nicht, auch wenn man dicht vor ihnen stand. In den alten Schuppen hatten sich die gewaltigen Männchen, die sich gerade häuteten, buchstäblich breit gemacht, in dem Dämmerlicht leuchteten die Scheidenschnäbel auf, weiß wie Gespenster, Vögel, die zwischen ihnen und auch auf ihnen herumliefen. Pinguine watschelten furchtlos auf den alten Straßen herum, einer begleitete meine Frau ein ganzes Stück des Weges, ging ruhig und aufmerksam neben ihr her, als wäre es das Selbstverständlichste der Welt. Es sah aus, als unterhielten sie sich.

So würde die industrielle Welt sehr bald aussehen, dachte ich, wenn die Menschen aus irgendeinem Grund von der Erde verschwänden. Rost und Verfall, die langsame Rückkehr der Vegetation, die Tiere, die es sich in den leeren Höhlen der Menschen bequem machten, der Schrei der Möwen von gebrochenen Masten. Mehrere Schiffe mit geborstenen Planken, die nie wieder Wasser unter dem Kiel haben würden, ruhten hier für immer auf der Seite liegend im flachen Wasser vor dem Strand, und ihre Aufbauten und Masten waren von Wind und Wetter zerfressen, vor dem Hintergrund der schneebedeckten Berge ragten sie auf wie Zeugen einer gescheiterten Vergangenheit. Ein großes Walfangschiff war halb auf den Strand gezogen worden, die Harpune am Bug ragte schräg nach oben, als zielte sie auf den Himmel. Seebären – eine Robbenart, die vor hundert Jahren wegen ihres Fells fast ausgerottet war, sich nun aber erholt hat – bevölkerten die Decks der für immer gestrandeten Schiffe. Eine große Stille lag über dem kolossalen Wrack dieser alten Walfangstation, nur ab und zu hörte man ein klatschendes Aufschlagen vom Hafen her, wenn sich eine der Robben ins Wasser warf.

Ich hatte gehofft, auf dem Kreuzfahrtschiff, mit dem meine Frau und ich in die Antarktis fuhren, ein paar Vogelbeobachter zu finden, mit denen ich abends zusammensitzen und meine Beobachtungen vergleichen konnte. Aber unter den Passagieren schien es niemanden zu geben, der sich für die Vogelwelt interessierte. Zweifellos für die eindrucksvollen Landschaften aus Schnee und Eis, für das Meer und die Wale. Aber nicht für die Vögel. Vielleicht wäre es besser gewesen, dachte ich, wenn wir mit einem amerikanischen oder englischen Schiff gefahren wären, denn das Birdwatching ist in England und den USA ungleich populärer und verbreiteter als in Deutschland.

Einer der Passagiere war ein höflicher und netter junger Mann, der mit seinem Vater unterwegs war, und mit ihm verbindet sich eine Beobachtung, die dazu beitrug, dass ich diese

Dinge zu Papier gebracht habe. Der Vater hatte die Angewohnheit, mit entschlossenem Gesicht in der Lounge, im Restaurant oder in der Bibliothek aufzutauchen, als müsse er sofort mit irgendjemandem ernste Dinge besprechen. Mit konzentriertem Blick unter heruntergezogenen Augenbrauen stürzte er herein, verlor aber nach nur wenigen Sekunden seine Zielstrebigkeit, blieb stehen und sah sich hilflos um. Manchmal kam dann sein Sohn auf ihn zu und führte ihn an seinen Tisch, wo sie sich mit einer dritten Person unterhielten. Der Sohn hatte eine sehr gewandte Art, sich mit aufmerksamem Gesicht während des Gesprächs mal seinem Vater, mal der anderen Person zuzuwenden. Er saß immer sehr aufrecht da. Wie gesagt, er war ein durch und durch netter Mensch.

Dieser junge Mann saß eines Tages an einem Tisch auf dem Deck des Schiffes und trank mit einer Bekannten Champagner. Der Tag war klar und voller Sonne, der Himmel in einem hellen Blau, und ich saß, wie immer mit dem Fernglas in den Händen, in der Nähe. Über uns waren Heizstrahler angebracht, sodass man es hier trotz der Kälte aushalten konnte. Vor uns lag ein Eisberg im Wasser, der in seiner Form dem Matterhorn ähnelte. Die Sonne stand tief hinter ihm, und durch die Lichtstreuung erschien er tatsächlich grün – nicht smaragdgrün, wie Coleridge in seinem Gedicht sagt, aber er schimmerte in einem schönen Blassgrün, das sich in den Falten und Einkerbungen verdunkelte.

Wir waren dicht unter einer strahlend weißen Küste an einer Insel entlanggefahren, um den Gletscher genauer sehen zu können, der mit zerklüfteter Stirn steil zum Meer abfiel, und jetzt drehte das Schiff ab und ließ die Insel hinter sich. Die im hellsten Weiß gleißende Küste fiel hinter der schäumenden Spur des Kielwassers langsam zurück und öffnete sich in einem weiten Halbrund, sodass man bei zunehmender Entfernung sehen konnte, dass wir uns in einer Bucht befunden hatten. Die bläulich schimmernden Berge wichen zurück, die am weitesten entfernten sanken unter den Horizont. Das Panorama, das sich hinter dem Heck weitete, war fantastisch. Die Kontraste stießen im Sonnenlicht hart aufeinander: das blendende Weiß des Eises unter dem Blau des Himmels, die Falten und Kanten der Gletscher mit ihren scharfen dunklen Schatten, das schwach violette Licht in den Spalten und Kavernen, das Grün und Blau des Wassers, das sich an den kantigen Abrissen des Landes mit schwarzen, feucht glänzenden Felsen brach, die aufstrahlenden Schaumkronen und die schneebedeckten Kuppen und Hänge der Berge dahinter.

Wie fast alle Passagiere hatte der junge Mann eine Kamera mit einem langen Teleobjektiv. Das Fotografieren hatte sich verändert, die meisten nutzten motorgetriebene Mehrfachaufnahmen, sodass bei jedem auftauchenden Wal, jeder Robben- oder Pinguingruppe, die in die Nähe des Schiffes kamen, ein sirrendes Dauergeräusch entstand, das sich wie ein Zittern in der Luft hielt. Der junge Mann warf einen Blick zurück auf das Panorama hinter uns, nahm die Kamera, die auf dem Tisch lag, ließ den Apparat losrattern, legte ihn dann zufrieden lächelnd zurück, griff nach seinem Glas und wandte sich wieder seiner Gesprächspartnerin zu. Er dachte offenbar, er »hätte« es – aber was hatte er? Er hatte gar nichts.

II

ZEN

Auf seiner langen Reise von Indien über China bis nach Japan – sie währte Jahrhunderte – verlor der Buddhismus fast alles an metaphysischem Gepäck und kam schließlich in Gestalt des Zen schlank und weltlich in Japan an. Weil der Zen-Buddhismus so rätselhaft und zugleich so literarisch ist, hat er viele moderne Schriftsteller von J. D. Salinger über Ray Bradbury und Robert Pirsig bis zu David Foster Wallace fasziniert. Er galt immer als der Buddhismus der Intellektuellen. Seine Aussagen stützen sich zu einem großen Teil auf die »Kōan«. Es ist schwer, diese Anekdoten, Geschichten oder Rätselsprüche, die innerhalb des Zen-Buddhismus von Generation zu Generation weitergetragen wurden, zu definieren. Sie haben in den meisten Fällen einen narrativen Kern, und sie sollen verstanden oder zumindest in ihrer Rätselhaftigkeit akzeptiert werden. Es sind Rätsel, welche die Tradition des Zen durch die Generationen weitergeben und den Schülern, die sich mit ihren geheimnisvollen Botschaften herumschlagen, zur Erleuchtung verhelfen. Sie sind es, die den Zen-Buddhismus einerseits so »literarisch« (es sind ja Erzählungen mit einem bestimmten Sinn) und andererseits so geheimnisvoll machen, denn ihre Bedeutung lässt sich nur schwer erfassen und vermitteln. Auch wenn der Schüler erklärt, nun »erleuchtet« zu sein, hat das nicht immer mit einer Lösung des Kōan-Rätsels zu tun, sondern oft mit einem rätselhaften Impuls, der von dem Kōan ausgegangen ist.

C.G. Jung hat von dem »abstrusen Dunkel der Zen-Anekdoten«[1] gesprochen. Dieses Dunkel aber zieht er den manchmal allzu erbaulichen Belehrungen des Buddhismus bei Weitem vor. Wenn man sich länger mit ihnen beschäftigt, festigt sich der Eindruck, man müsse die Kōan erfühlen, erfahren, sie jedenfalls auf einem anderen Weg erfassen als mit dem logischen Denken. Es ist wahrlich kein Wunder, dass dies das Interesse der westlichen Literaten und Psychologen geweckt hat. Hier ist ein Beispiel:

> Der Mönch geht über die Brücke. Unter der Brücke fließt der Fluss.
> Der Mönch geht nicht über die Brücke. Unter der Brücke fließt kein Fluss.

Der Zen-Meister sucht für einen Schüler ein Kōan aus, das etwa seinem Entwicklungsstand entspricht, und dieses Kōan soll der Schüler nun betrachten, um das Rätsel, das in ihm liegt, zu lösen. Die Lösung, wenn man es so nennen kann, besteht allerdings nicht im logischen Denken, sondern in einem intuitiven Einfall, der über das Problem hinausgeht, es also weniger rational erfasst als in einen größeren Zusammenhang stellt, den der Erleuchtung. Man könnte also auch sagen, dass von dem Kōan ein Impuls ausgeht, der zur Erleuchtung führt.

Das Kōan, das Salinger so faszinierte, dass er es in einem seiner Bücher zitierte, lautet:

> Wir kennen den Klang von zwei klatschenden Händen –
> aber was ist der Klang einer einzelnen Hand?

Wahrscheinlich ist dies das im Westen berühmteste Kōan. Es stammt von Hakuin Ekaku, der von 1686 bis 1769 lebte und der bedeutendste zen-buddhistische Denker seiner Zeit war. Er bemühte sich darum, die Praktiken des Zen in breiteren Bevölkerungsschichten zu verankern. Überdies war er ein großer Künstler, ein Meister der Kalligrafie und der Malerei. Auf dieses Kōan werden wir noch zurückkommen.

Der Zen-Buddhismus ist so radikal auf individueller innerer Erfahrung aufgebaut, dass viele Menschen, die sich mit ihm befasst haben, ihn gar nicht mehr als Religion im Sinne der anderen Glaubensrichtungen – also etwa des Christentums oder des Islam oder des Hinduismus – gelten lassen. Es gibt keinen Gott, keine Autorität, keine Gebote, keine Heilige Schrift. Es gibt den Glauben an die Wiedergeburt und das Nirwana, aber auch diese Elemente spielen im Zen nicht die maßgebliche Rolle, die Vorstellungen wie das Paradies oder die Auferstehung in anderen Religionen innehaben.

Im Grunde ist Zen eine von Generation zu Generation weitergegebene Erfahrung. Der Meister führt den Schüler zum »Satori«, zur Erleuchtung, und der Schüler gibt diese Erfahrung, wenn er selbst zum Meister geworden ist, an seine Schüler weiter. Dadurch entsteht eine Kette der Lehre, die bis auf den Begründer des Buddhismus, Gautama, zurückgeht. Wie der Meister seine Schüler belehrt, bleibt ihm überlassen, es existiert keine festgelegte Methodik. Der Zen-Buddhismus ist in diesem Sinne, um ein modernes Wort zu gebrauchen, äußerst pragmatisch. Er versucht, das Erleben zu vertiefen, innere Ruhe zu vermitteln, ohne zu etwas Höherem – etwa einem Gott – führen zu wollen. Zen ist seltsam: Es gibt keine Religion, keine Philosophie, die ihm gleicht – und vielleicht ist Zen weder Philosophie noch Religion.

Zen ist eine Abkürzung von »Zenna«, was dem chinesischen »Chan'na« entspricht. Abgeleitet ist es von der Übersetzung des Sanskrit-Wortes »Dhyāna«, was so viel wie Meditation oder geistige Sammlung bedeutet, und die Meditation steht tatsächlich ganz im Zentrum des Zen-Buddhismus.

»Zazen« ist japanisch und wird meist als »Sitzen« übersetzt, also als die Stellung, in der man meditiert. Neben der Methode der Meditation gibt es nicht viel, was im Zen Bestand hat. »Werde ich also gefragt, was Zen lehrt«, sagt Daisetz T. Suzuki, »so muss ich antworten, dass Zen nichts lehrt.«[2]

Diese Aussage ist bezeichnend für den Radikalismus des Zen, für seine geradezu subversive Schärfe. Nichts scheint wirklich zu gelten, nichts scheint heilig zu sein. Alles darf im Namen der subjektiven Erfahrung kritisiert, sogar verspottet werden. Wer sich also auf den Zen-Buddhismus einlässt, wird zunächst einmal auf eine zutiefst verwirrende, ja verstörende Vielfalt von Aussagen stoßen, deren Widersprüchlichkeit und Zweideutigkeit geradezu darauf angelegt scheinen, den Schülern jedes Fundament herkömmlichen logischen Denkens zu entziehen und jede geistige Gewissheit zu erschüttern. Suzuki spricht davon, der »Tyrannei der Logik«[3] zu entrinnen. Es gibt keine Autorität, keine gültige Lehre, an die man sich klammern könnte. Stattdessen verweisen einen die Lehren des Zen auf einen selbst, auf die eigene Erfahrung. Wenn diese Lehren überhaupt einen erkennbaren Zusammenhang, eine Richtung besitzen, dann die, dass der Verstand trügerisch ist und dass der Weg zur Wahrheit über das innere Erleben führt. Das Verstehen richtet nach Meinung des Zen relativ wenig aus – erst wenn ein Gedanke in ein tiefes Empfinden übergeht, wenn also der Gedanke aufhört, Gedanke zu sein, kommt man den Zielen des Zen näher. Im Deutschen sagt man, dass einem etwas »in Fleisch und Blut« übergeht, wenn man eine Handlung nicht nur versteht, sondern sie zur zweiten Natur geworden ist, und diese Ausdrucksweise könnte dem Zen entstammen. Des »Gedankens Blässe« wird aufgegeben, um sich das Wesen des Gedankens in einer geradezu vegetativen Reduktion einzuverleiben. Wenn sich das alles sehr mystisch anhört, so ist das nicht verkehrt, denn in seinem Kern ist Zen Mystik. Allerdings eine Mystik der praktischen Übung, des Alltags, der Nüchternheit, eine Mystik ohne Gott – wenn es denn so etwas geben kann.

Die früheste historisch sichere Überlieferung aus der Anfangszeit des Buddhismus in Japan, dem 7. Jahrhundert, spricht von einem japanischen Mönch, Dōshō. Er wurde von einem chinesischen Lehrer unterrichtet und brachte seinen Schülern nicht nur die Meditation bei, sondern bewirkte auf seinen Reisen, dass Brunnen gebohrt, Brücken gebaut und Fähren eingerichtet wurden. Das verweist bereits auf den Pragmatismus des Zen in Japan. Dōshō war ein zupackender Mann, der sich um die Zivilisation in Japan verdient machte, wie Heinrich Dumoulin in seiner *Geschichte des Zen-Buddhismus* schreibt.[4] Diese pragmatische, auf den Alltag gerichtete Seite des Zen wird immer wieder deutlich, wenn man die Kōan liest, die Lehrgeschichten, in denen streng genommen die Überlieferung des Zen-Buddhismus in Japan besteht.

Neben der praktischen Ausrichtung des Zen stand von Anfang an der tiefe Bezug zur Natur. Ein zweiter großer Denker, der den Zen-Buddhismus in Japan einführte, hieß Dōgen und lebte von 1200 bis 1253. Noch heute wird er in Japan verehrt, Dumoulin nennt ihn sogar den vielleicht »stärksten und eigenwilligsten Denker, den Japan hervorgebracht hat«[5]. Dōgen kam aus einer vornehmen Familie, die ihm die damals übliche Bildung zukommen ließ. Dann aber trat er in ein Mönchskloster ein und widmete sich ganz der Suche nach der »Wahrheit«. Von großer Tragweite war für ihn offenbar eine Begegnung auf einer China-Reise. Als das Schiff in China eintraf, ging ein Mann aus dem Tempelkloster auf dem Ayuwang-Berg an Bord. Die beiden kamen ins Gespräch, und der tief beeindruckte Dōgen lud den Alten ein, länger auf dem Schiff zu bleiben, damit sie weiter miteinander reden konnten. Aber den drängte es zu seiner Arbeit zurück. Als Dōgen nach der Art seiner Arbeit fragte, stellte sich heraus, dass der Mann Koch war. Erstaunt wollte Dōgen wissen, warum ihm diese Arbeit denn so wichtig sei. Der Alte lachte und sagte, die Arbeit in der Küche sei seine Zen-Übung, und die bedeute ihm mehr als alles andere, durch sie finde er zum »erleuchteten Wandel«.[6] Für Dōgen bedeutete diese Begegnung eine entscheidende Wendung. Er kehrte nach weiteren Reisen schließlich nach Japan zurück, ließ sich in der Nähe von Kyoto (damals die Hauptstadt Japans) nieder und verbreitete dort mit großem Erfolg seine Linie des Zen, welche die Wichtigkeit der alltäglichen Übung betonte. »Nur Zazen« nannte er diese Konzentration auf die Meditation, auf japanisch »shikan taza«, eine Meditation, zu der man auch die vermeintlich banalen Tätigkeiten erheben konnte, wie es der alte Koch gelehrt hatte. Dōgen glaubte, dass selbst die einfachsten Arbeiten wie die in der Küche oder das Fegen des Hofes zu meditativen Übungen werden konnten. Für ihn gab es keinen Unterschied zwischen den Arbeiten des Alltags und den Übungen in der Zen-Halle. »Die Lehre des Tempelkochs« lautet der Titel eines Bandes seiner umfangreichen Werke.

Schüler strömten ihm zu, aber das weckte auch den Widerwillen der Mönche eines anderen Klosters in der Nähe. Jede Art von Rivalität und Neid war Dōgen zuwider, also zog er sich in die Berge der Provinz Echizen zurück. Unterstützt von einem Laienjünger und Freund baute er dort ein neues Kloster auf. Sein Ruf hatte sich in ganz Japan verbreitet, man bat ihn, in die Hauptstadt zurückzukehren, aber eine Krankheit ließ nur einen Aufenthalt über den Winter zu. Dann kehrte er nach Echizen zurück. »Natur und Dichtung« trösteten sein Herz, schreibt Dumoulin und zitiert zwei Gedichte, welche die Naturnähe des Zen wunderbar ausdrücken. Der Herbst ist in der japanischen Dichtung – wie auch in der deutschen – ein Vorbote des Endes, des Winters, des Todes. Dōgen schrieb diese Gesänge kurz vor seinem Tode:

> Auf Blatt und Gräsern
> harrend der Morgensonne
> rasch hinschmilzt der Tau.
> Eile nicht so, du Herbstwind,
> der auf dem Feld sich erhebt!

Und fast noch schöner, dieses Gedicht oder Lied:

> Wem vergleich ich wohl
> Welt und des Menschen Leben?
> Dem Mondesschatten,
> wenn er im Tautropf berührt
> des Wasservogels Schnabel.[7]

Über die Übung des Zazen, des Sitzens, schreibt Dōgen:

> Wenn du die Erleuchtung zu erlangen wünschst, so übe eilends Zazen. Für das Zazen ist ein stilles Zimmer gut, Speise und Trank seien mäßig. Wirf alle Bindungen von dir, beruhige die zehntausend Dinge, denk nicht an Gut und Böse, urteile nicht über richtig und falsch, halte den Lauf des Bewusstseins an, mach die Tätigkeit des Wünschens, Vorstellens, Urteilens aufhören![8]

Faszinierend ist Dōgens Auffassung der Zeit. Dass diese aus der Vergangenheit durch die Gegenwart in die Zukunft fließe, hielt er für einen Irrtum »der Unerleuchteten«. Sie meinen, so Dōgen, wenn sie einen Berg erstiegen oder einen Fluss durchquert haben, dass diese nun hinter ihnen liegen und versunken seien: »Als ob jene Berge und Flüsse jetzt nicht mehr da wären, weil ich sie überschritten habe und jetzt im Perlenpalast wohne.«[9] Das ist ein wunderbares Bild, das sagen will, dass die Vergangenheit nicht vergangen ist, sondern dem Menschen bleibt – als ein währender Eindruck. Es ist ein wenig wie eine Vorwegnahme der Zeitauffassung des französischen Philosophen Henri Bergson, der der Überzeugung war, dass die wirklich einschneidenden Erfahrungen in der »Dauer« geschehen, die für ihn im Gegensatz zur mechanischen »Zeit« stand. In Dōgens Augen war die Zeit eine Totalität, die alles, auch die Vergangenheit umfasst. »Was wir gestern und heute nennen, ist nur eine Zeit.«[10] Wenn Sein und Zeit eines ist, so sagt Dōgen, ist es »Sein-Zeit«, und diese »Sein-Zeit besitzt das Vermögen des Währens«.[11]

Dōgen brachte bereits eine Handschrift einer Kōan-Sammlung aus China nach Japan. Die zwei für die Zen-Übung maßgeblichen Sammlungen, »Mumonkan« und das »Hekiganroku«, wurden aber wahrscheinlich erst im 14. Jahrhundert nach Japan gebracht. Neben diesen chinesischen Kōan gab es aber auch rein japanische, die verbreitet wurden, bevor die beiden wichtigsten Sammlungen im 17. Jahrhundert gedruckt wurden.

Betrachtet man die Kōan, so wird man häufig auf einen inneren Vorgang gestoßen, der mit der Abwendung von jeder Art des logischen Denkens beginnt: Das Urteil über Vorgänge und Dinge, die den Schüler umgeben, wird zum Schweigen gebracht. Die Handlungen des Alltags werden zu Ritualen, die mit großer Achtsamkeit ausgeführt werden und dem Schüler in Fleisch und Blut übergehen sollen. Wenn das in endlosen Übungen geschehen ist, wird er aufs Neue von seinem Meister mit den Dingen seiner Umgebung konfrontiert, um sie aus anderer Sicht bewusst zu erleben. Es ist also eine Art von Dreischritt: Unterdrückung des Gedankens, innere Sammlung, intuitives Erfassen der Dinge. Ein Zen-Meister sagte:

> Bevor ich erleuchtet wurde, waren die Flüsse Flüsse und die Berge Berge. Als ich den Weg zur Erleuchtung beschritt, waren die Flüsse keine Flüsse und die Berge keine Berge mehr. Jetzt, da ich erleuchtet bin, sind die Flüsse wieder Flüsse und die Berge wieder Berge.

Offenbar geht es nicht unbedingt darum, das Geheimnis eines Kōan zu lösen, denn meist gibt es keine Lösung oder sie wird vom Meister geheim gehalten, um das Potenzial dieser Rätsel, ihre geheimnisvolle Widersprüchlichkeit, aufrechtzuerhalten.

Im meditativen Betrachten des Kōan soll der Schüler möglichst über die Grenzen der Ratio hinausgelangen und die Aufgabe intuitiv erfassen. Nach Auffassung des Zen liegt die Antwort, also die erleuchtende Erkenntnis, immer schon im Unbewussten des Schülers. Er muss den Zugang finden, und das ist keine leichte Aufgabe, denn der Zugang ist nur möglich, wenn er die ihn behindernden Gedanken, das logische, analytische Denken ablegt und damit dem Unbewussten Raum lässt. Er soll sich ganz auf seine Empfindung verlassen und auf das, was in seinem Inneren angelegt ist. Gelingt ihm die Befreiung dieser »innersten Kräfte«, wie Suzuki es nennt, kommt er der Erleuchtung nahe.[12]

Dieses Verhältnis von bewusstem und unbewusstem Denken und Handeln hat auch Psychoanalytiker wie C.G. Jung oder Erich Fromm angezogen, die sich auf ihre Art mit dem Zen-Buddhismus auseinandergesetzt haben. C.G. Jung meint, dass es auf die paradoxen Fragen oder Herausforderungen, die ein Kōan dem Schüler stellt, keine Antwort des Verstandes geben kann. Zunächst, so glaubt er, sei es klüger, sich deren dunklem Sinn anzuvertrauen, ohne zu versuchen, ihn aufzuhellen:

»Man tut gewiss viel besser daran«, schreibt er in einem Vorwort zu Suzuki, »sich vorderhand einmal vom fremdartigen Dunkel der Zen-Anekdote tief beeindrucken zu lassen.«[13]

Es geht also darum, das Kōan in sich aufzunehmen, ohne seinen Sinn zu verstehen. Eine wichtige Rolle spielt dabei das absolute Vertrauen des Schülers zum Meister. Fehlt es, so wird die bizarre Widersprüchlichkeit des Kōan zunächst Zweifel und schließlich Verzweiflung auslösen. Dazu gibt es ein ungewöhnlich anschauliches Kōan, in dem es um nichts Geringeres als die Erläuterung des Zen-Buddhismus selbst geht:

> Te-Khan, der beste Schüler Chouei-Iens, sagte einmal zu seinem Meister: »Meister, ich habe viel von Euch gelernt, doch jetzt halte ich es für unerlässlich, durch China zu ziehen, um meine Kenntnisse des Buddhismus zu vollenden.«
>
> So verließ Te-Khan das Kloster mit dem Segen Chouei-Iens. Mehrere Jahre zog er kreuz und quer durch China und kehrte schließlich zu seinem Meister zurück.
>
> »So hast du also ganz China durchquert?«
>
> »Ja, Meister.«
>
> »Dann fasse mir den Zen-Buddhismus in ein paar Worten zusammen.«
>
> Te-Khan konzentrierte sich und erklärte nach einer Weile:
>
> »Bleiben die Wolken an den Gipfeln der Bergkette hängen, durchdringt das Mondlicht nicht das Wasser des Sees.«
>
> »Ah«, erwiderte der Meister. »Deine Haare sind grau geworden, du hast ein paar Zähne verloren. Du gehst gebeugter. Und obwohl du älter geworden bist, ist das alles, was du über das Zen gelernt hast? Was für eine Enttäuschung!«
>
> Da fing Te-Khan an zu weinen und fragte Chouei-Ien:
>
> »Und Ihr, Meister, wie fasst Ihr das Zen zusammen?«
>
> »Gut, hier meine Zusammenfassung: Bleiben die Wolken an den Gipfeln der Bergkette hängen, durchdringt das Mondlicht nicht das Wasser des Sees.«
>
> Überwältigt von dieser Antwort, erklärte der Schüler: »Danke, Meister, ich bin erleuchtet!«

C. G. Jung hat eine interessante Theorie zu »Satori« – zu dem, was die Zen-Buddhisten Erleuchtung nennen. Er glaubt, dass die Erleuchtung das plötzliche Erleben einer Totalität ist, des Gefühls, »ganz« zu sein. Unter »Ganzheit« versteht er den Durchbruch des Unbewussten, das ansonsten vom kontrollierenden »Ich« des Menschen mittels der bewussten Gedankenwelt unterdrückt wird. Die rationalen Gedanken sind wie ein Riegel, der das Unbewusste aussperrt. Im jahrelangen Einüben der Meditation geht es nach Jung darum, diese Sperre zu schwächen, also das unaufhörliche Geschwätz der bewussten Gedanken auszuschalten und eine Leere herzustellen, um dem Unbewussten die Möglichkeit zu geben, seinen »Durchbruch« zu erleben. Geschieht das, so hat dieser Durchbruch eine ebenso plötzliche wie gewaltige Wirkung. Das ist, sagt Jung, die Erleuchtung.

> Die Aufsplitterung in Einzelnes, das Einseitige, der fragmentarische Charakter eignet dem Wesen des Bewusstseins. Die Reaktion aus der Disposition hat stets Ganzheitscharakter, da sie einer durch kein diskriminierendes Bewusstsein aufgeteilten Natur entspricht. Daher ihre überwältigende Wirkung. Es ist die umfassende, völlig einleuchtende Antwort, die um so mehr als Erleuchtung und Offenbarung wirkt, als das Bewusstsein sich in einer aussichtslosen Sackgasse festgerannt hat.[14]

Es lohnt sich, im Licht dieser Theorie noch einmal auf Te-Khan, den Schüler Chouei-Iens, zurückzukommen. Fasst man das Kōan von der Erleuchtung Te-Khans in andere Worte, kann man es vielleicht so ausdrücken: Über einen See am Fuße der Berge ziehen Wolken hinweg. An der hohen Gebirgskette jenseits des Sees bleiben sie hängen, stauen sich, sodass sich der Himmel mehr und mehr bezieht. Als der Mond in der Nacht aufgeht, wird er von einer dichten Wolkendecke verhüllt. Sein Licht kann das Wasser des Sees nicht erreichen. Es ist naheliegend, das Licht des Mondes mit der Erleuchtung in Verbindung zu bringen. Die Wolken, die dieses Licht nicht zum Wasser des Sees durchdringen lassen, sind dann die Folge des gedanklichen Riegels, der Bergkette. Diese Sperre lässt einen »Durchbruch des Unbewussten«, wie C. G. Jung es ausdrücken würde, nicht zu. Ist diese Deutung zulässig, hat Te-Khan das Wesen des Zen erfasst, was ihm sein Lehrer Chouei-Ien dann auch bestätigt.

Und noch eins ist an dieser Geschichte so interessant: Der Lehrer stürzt seinen Schüler zunächst in tiefe Verzweiflung, bevor er ihn mit seiner überraschenden Zustimmung wieder aufrichtet. Diese emotionale Achterbahnfahrt ermöglicht erst die Erleuchtung, weil sie – wie in vielen anderen Kōan berichtet – den Schüler aus seiner Gedankenwelt herausreißt und ihn mit einer vollkommen unerwarteten Wendung konfrontiert.

Die Paradoxie des Kōan führt also in einer blitzartigen Erleuchtung zur Entfesselung des Unbewussten, das sozusagen aus sich heraus auf eine Frage antwortet, die gar nicht gestellt worden ist. Auch bei Suzuki findet sich eine ähnliche Argumentation: »… das Zen-Bewusstsein muss sich bis zur Reife entwickeln. Ist es voll ausgereift, so bricht es mit Sicherheit durch in Gestalt des Satori, das ein Einblick in das Unbewusste ist.«[15]

Das erklärt auch, warum die Zen-Meister ihre Schüler immer wieder auf sich selbst verweisen. In Kōan auf Kōan findet sich die Mahnung, dass die Antwort im Schüler selbst liegt und nicht in irgendeiner Lehre, die er empfangen mag. Die Strenge der Meditation, die jahrelange Askese, die ständigen Wiederholungen, die Eintönigkeit des mönchischen Lebens – sie alle haben ein Ziel: den Schüler auf sich selbst zu verweisen und ihn für dieses Erlebnis empfänglich zu machen, indem das bewusste Denken zurückgedrängt wird. C.G. Jung wird da fast poetisch: »Die Antwort darauf, die anscheinend aus dem Leeren kommt, das Licht, das aus schwärzester Finsternis aufleuchtet, ist stets als wunderbare, beglückende Erleuchtung empfunden worden.«[16]

Erich Fromm kommt zu einem ähnlichen Schluss, wenn er den Zen-Buddhismus mit der westlichen Psychoanalyse vergleicht. Er betont vor allem die »Wachheit«, die Zen von seinen Anhängern fordert, das Erwachen aus dem »Halbschlaf«, in dem der »Durchschnittsmensch« sein Leben führt. Auch Fromm sieht in der Besinnung des Menschen auf sich selbst, auf die eigenen Kräfte, den einzigen Ausweg aus der Krise des westlichen Menschen. Es ist die missverstandene Vernunft, die in seinen Augen den Menschen daran hindert, seine kreativen Möglichkeiten auszuleben und zu verwirklichen. Er glaubt sich dem, was ihm von Kind an als »vernünftig« beigebracht wird, unterwerfen zu müssen.[17]

Denn das Bewusstsein, in dem der Mensch lebt, ist nach Fromm nicht etwa ein Weg zur Aufklärung, sondern ein gesellschaftlich geprägter Filter, der nur durchlässt, was die westliche Zivilisation als sozial nützlich erachtet. Das Bewusstsein repräsentiert nach Fromm den sozialen Menschen – das heißt den sozial funktionierenden, also gesellschaftlich konditionierten Menschen. Das bedeutet zugleich, dass diese Filterfunktion nur so viel an Empfindung zulässt, wie das soziale Leben erfordert. Dies ist aber nach Fromm nur ein kleiner Ausschnitt der menschlichen Daseinsmöglichkeit, eine letztlich krank machende Verengung. Bleibt es dabei, ist der Mensch dazu verdammt, fragmentarisch zu leben, Fromm sagt sogar, als »ein Krüppel«, der nur einen kleinen Teil von dem empfindet und verwirklicht, was ihm möglich wäre.[18] Der kreative Reichtum des Unbewussten bleibt ihm verwehrt. Damit steht Fromm manchen Theorien des modernen Künstlertums nahe, die davon ausgehen, dass nur die vitale Kraft des Unbewussten der Kunst Authentizität und Tiefe verleihen kann. Und er spiegelt den Gedanken von C.G. Jung, der wie Fromm glaubt, dass die Vernunft bis zu einem Stadium entwickelt werden müsse, »in dem sie den Menschen nicht mehr daran hindert, die Natur unmittelbar und intuitiv zu erfassen«.[19] »Damit meine ich die Tatsache«, schreibt Fromm, »dass ich zu sehen glaube – aber nur Worte sehe; dass ich zu fühlen glaube, aber die Gefühle nur denke. Der Mensch, der alles gedanklich verarbeitet, ist der Entfremdete.«[20]

Ein Echo der Meister-Schüler-Beziehung des Zen-Buddhismus schwingt in der Aussage Fromms mit, dass der Analytiker für den Patienten niemals das tun kann, was der Patient für sich selbst leisten muss. Beide, der Schüler ebenso wie der Patient, müssen sich auf sich selbst besinnen, auf die eigene Kraft, sie müssen die Erkenntnis aus sich heraus schöpfen – der Meister beziehungsweise der Analytiker kann da nur Hilfestellung geben. Das ist das westliche Gegenstück zu der sich endlos wiederholenden Aufforderung der Kōan: Geh in dich selbst zurück, finde in dir die Lösung, nur in dir selbst wirst du die Kraft finden, zur Erleuchtung beziehungsweise zur Heilung zu gelangen.

Nun wird sich kaum jemand im Westen der ungeheuren Mühe unterziehen, welche die Voraussetzung zur Erleuchtung ist. Sie fordert eine Lebensform der Askese, der sich nicht leicht jemand aussetzen wird. Aber Zen besteht ja keineswegs nur aus »Satori«, sondern aus einer aufmerksamen, wachen Wahrnehmung der Umgebung, anderer Menschen und vor allem der Natur, und aus der Meditation, die jeden belohnt, der sie einübt, und die sehr viel an kreativer Energie freisetzt.

An dieser Stelle trifft sich Zen mit der Praxis der Vogelbeobachtung und ihrer Beziehung zum Ganzen der Natur. Die Aufmerksamkeit, mit der man Vögel wahrnimmt, hat zugleich etwas Waches (die Vögel sind so lebhaft und schnell) und Meditatives an sich. In dem Wald, in dem ich fast täglich mit Hund und Fernglas spazieren gehe, gibt es ein »Fließ«, einen Kanal, der durch ein paar Schleusen reguliert wird und dazu dient, den Wasserstand zweier Seen auszugleichen. Dieses Fließ – es ist etwa drei Meter breit – liegt im Sommer im tiefen Schatten der Schwarzerlen und Birken und der hohen Ulmen, die an seinen Ufern wachsen und ihn überwölben. Es hat hier alles ein wenig das Wesen eines Urwaldes, weil viele der sich über das Wasser neigenden Schwarzerlen inzwischen umgestürzt sind und kreuz und quer am Ufer daliegen und verrotten. Einige von ihnen sind über das Fließ gefallen und bilden so etwas wie natürliche Brücken. Nur an manchen Stellen dringt das Sonnenlicht in unregelmäßigen Schneisen durch und erleuchtet in schmalen Streifen das Wasser des Kanals, die Ufer und Baumstämme. Die Spiegelung des Laubes im dunklen Wasser färbt alles in unendlich viele zitternde Facetten von Grün, Grau und Braun, unterbrochen von den wenigen Stellen, an denen ein Stück blauer Himmel vom Wasser reflektiert wird.

Eines Tages flog ein Graureiher bei wolkenlosem Himmel mit seinen langsamen Flügelschlägen lautlos dieses Fließ hinunter, er war über der dunklen Oberfläche des stehenden Wassers im Schatten der Bäume kaum zu sehen, aber wann immer er durch eine Schneise des Sonnenlichts glitt, leuchtete das unvergleichliche Grau seines Federkleides geradezu auf. Solche Momente, wenn man stehen bleibt und diesem fantastischen Bild nachhängt, erschließen einem nicht nur die Ästhetik des fliegenden Reihers, das Dunkelgrau der Deckfedern auf dem Rücken des Vogels und das Lichtgrau seines zum S gebogenen, zurückgelegten Halses, sondern die ganze Schönheit der Natur. Der Anblick trifft einen geradezu, und er trifft einen im ganzen Wesen, nicht nur im Denken. Das ist natürlich keine Erleuchtung im Sinne des Zen-Buddhismus, aber es ist ein tiefer Eindruck. Man ist plötzlich hellwach für diese Empfindung, sie erfüllt einen ganz, und man wird sie nicht leicht wieder vergessen. Auf kaum erklärliche Weise stärkt sie einen und verändert die Art, wie man die Umgebung sieht.

Erich Fromm kleidet das in eine Ausdrucksform, die er von der Schriftstellerin Gertrude Stein entlehnt: »Die Rose, die ich sehe, ist kein Objekt für mein Denken, so wie wir sagen: ›Ich sehe eine Rose‹, und damit nur feststellen, dass das Objekt, eine Rose, zu der Gattung ›Rose‹ gehört, sondern in der Bedeutung: ›Eine Rose ist eine Rose ist eine Rose‹.«[21] Wenn man »Reiher« an die Stelle der »Rose« setzt, kommt man der Empfindung, von der hier die Rede ist, nahe. Das Grau des Reihers im Grau der Schatten über dem dunklen Wasser, das plötzliche Aufleuchten in der Sonnenschneise, der lautlose, federnde Flug, der langsame Flügelschlag – das alles ist die Essenz des Reihers in der Empfindung des Vogelbeobachters und, wenn man das sagen darf, zugleich eine Meditation über die Natur. Ein Reiher ist ein Reiher ist ein Reiher.

Rilke hat dafür den Begriff der »Einsicht« geprägt – es ist ein Schauen, das über die bloße Aufnahme des Bildes vor einem hinausgeht. Mit der Einsicht sieht man in das Bild hinein und nimmt zugleich das auf, was sich an Empfindung mit ihm verbindet. Man taucht sozusagen unter die Oberfläche des rein Sichtbaren und spürt etwas von dem Leben, das sich darin verbirgt. In Rilkes Roman *Die Aufzeichnungen des Malte Laurids Brigge* gibt es eine Passage, in welcher der Erzähler berichtet, dass er versucht zu schreiben. Und zwar Verse. Dazu sagt er: »… Verse sind nicht, wie die Leute meinen, Gefühle (die hat man früh genug) – es sind Erfahrungen. Um eines Verses willen muss man viele Städte sehen, Menschen und Dinge, man muss die Tiere kennen, man muss fühlen, wie die Vögel fliegen, und die Gebärde wissen, mit welcher die kleinen Blumen sich auftun am Morgen.«[22] Man muss also, wenn man Verse schreiben will, nicht nur sehen, wie die Vögel fliegen, man muss es fühlen. Und »fühlen« bedeutet ja nichts anderes, als dass man mit ihnen eins sein muss. Das meint Rilke mit der »Einsicht«. Die Vogelbeobachtung ist in diesem Sinne weit mehr als die bloße Betrachtung, sie ist ein Eintauchen, eine Einfühlung in den Flug des Vogels, in sein Leben, in die Natur.

Auf ganz ähnliche Weise versucht auch die Meditation des Zen Zugang zur Natur zu gewinnen. Es geht, wie oben gesagt, darum, über die Grenzen des bloß Rationalen hinauszugelangen und zu einer tieferen Ebene des Erlebens vorzustoßen. Das bloße Beobachten des Vogels ist ein rationaler Vorgang, die Fähigkeit aber, sich in den Flug des Vogels einzufühlen, geht darüber hinaus. Sie öffnet nicht nur den Blick für die Natur, sie überwindet auch die Distanz zwischen Beobachter und Beobachtetem und führt zu dem Gefühl von Einheit und Harmonie, welches auch das Wesen der Meditation ist.

Die Meditation ist eine uralte Technik, zum ersten Mal finden sich Hinweise auf sie in den ältesten überlieferten indischen Schriften, den Veden, die aus der Zeit um 1500 v. Chr. stammen. Aber sehr wahrscheinlich geht die Praxis der Meditation noch weiter zurück. Und schon früh findet sich der Hinweis, dass die Meditation auch »Seelenqualen oder Suchtverhalten, Verzweiflung, Nervosität und innere wie äußere Unruhe« bekämpfen kann.[23]

Das medizinische Interesse an der Meditation und ihrer heilenden und präventiven Kraft hat in den letzten Jahrzehnten stark zugenommen. Das ist allein schon der fast unüberschaubaren Menge der Publikationen zu diesem Thema zu entnehmen, und als mir die Personalchefin eines Berliner Unternehmens anvertraute, dass sie gerne Menschen einstelle, die laut ihrem Lebenslauf regelmäßig meditieren, war mir klar, dass die Bedeutung der Meditation auch im Geschäftsleben angekommen ist.

Viel wichtiger aber ist natürlich die Hoffnung, dass Meditation ein Weg sein könnte, die verbreitetsten psychischen Erkrankungen der Gegenwart zu mildern oder sogar zu heilen.

Der Zen-Buddhismus hat keineswegs das Copyright an der Methodik der Meditation. Ähnliches gibt es in fast jeder der großen Religionen, nur unter anderem Namen, etwa dem der Versenkung beim Gebet im Christentum. Aber im Zen spielt die Meditation eine zentrale Rolle, sie ist der Weg zur Erleuchtung und zugleich in sich von großer Bedeutung, weil sie dem Meditierenden Kraft und Ruhe schenkt. Das Satori darf man sich nicht als religiöse Erlösung vorstellen, sondern eher als eine Art letztgültiger Erkenntnis. Im Grunde geht es darum, sagen die Zen-Meister, sich von den subjektiven Verzerrungen des eigenen Verstandes zu befreien und die Dinge so zu sehen, wie sie sind.

Aber ganz abgesehen davon, ob es überhaupt möglich ist, zu einer so klaren Erkenntnis der Welt zu kommen, eröffnet die Meditation dem Meditierenden nicht nur eine neue Quelle von Kraft und Ruhe, sondern sie wirkt auch auf die Art seines Denkens und vielleicht sogar auf die Struktur des Gehirns selbst zurück. Vieles davon ist noch vage und ungesichert, und es ist auch sehr schwierig, hier wissenschaftliche Beweise anzutreten, die durch die Wiederholbarkeit der Experimente und durch Vergleichsgruppen abgesichert sind, aber allein die quantitative Steigerung solcher Untersuchungen in den letzten Jahrzehnten deutet darauf hin, dass die Meditation vielversprechende Möglichkeiten der Heilung und der Prävention bietet, gerade bei den sogenannten »Zivilisationskrankheiten« wie etwa der sich immer weiter ausbreitenden Depression.

Aus medizinischer Sicht geht es bei der Meditation zunächst einmal darum, die jedem Menschen eigenen Kräfte der Besinnung und Konzentration wachzurufen und auf diese Weise das Denken zu beruhigen. Das entspricht ja auch der klassischen buddhistischen Sicht der Meditation. Das Interesse der Wissenschaft galt zunächst gewissen Erfolgen meditativer Techniken zur Vermeidung eines Rückfalls in die Depression. Eher zufällig wurde einer Psychologin, die mit Borderline-Patienten arbeitete, dieser Zusammenhang klar.[24] Die Depression hat offenbar viel mit zwanghafter und schwer abzuschüttelnder Grübelei, mit ungewollten, aber hartnäckigen Gedanken zu tun, die im Gehirn des Menschen eigentlich immer herumspuken. Nicht nur in der arbeitsfreien Zeit, auch bei vielen Routine-Tätigkeiten bleibt das Denken frei, sich anderen Dingen zuzuwenden, und der Mensch verfällt leicht in eine Grübelei, die sich mit negativen Dingen beschäftigt und auf die Dauer zu einer psychischen Belastung werden kann. Der Chefarzt einer Klinik für psychosomatische Störungen in Berlin sagt über diese quälende Beschäftigung mit dem eigenen Versagen oder mit der Angst vor der Zukunft: »Hier haben manche Patienten vierundzwanzig Stunden am Tag Sorgen, ohne Pause.«[25]

Laut James Kingsland ist die ständige Beschäftigung mit der Vergangenheit und der Zukunft sozusagen ein Nebenprodukt der Evolution, die dem Menschen das Bewusstsein von sich selbst und die Selbsterkenntnis schenkte. Diese Entwicklung ist die Grundlage von Ethik und Kultur, aber mit der Fähigkeit der Introspektion erhielt auch die Depression ein Einfallstor. Dadurch, dass der Mensch in der Lage ist, sich unablässig mit sich selbst zu beschäftigen, bereitet er dem Zweifel, der Negation und schließlich der Depression den Boden, und aus diesem Kreislauf wieder herauszufinden ist keine einfache Aufgabe.

Kingsland nennt das in seinem Buch *Die Hirnforschung auf Buddhas Spuren* den »Zerstreuungsmodus«, also das unkontrollierte Geschwätz der Gedanken, das einem ständig im Kopf herumschwirrt. Dieses Kreisen der Gedanken um Schwierigkeiten, die mit der augenblicklichen Aufgabe oder der jetzigen Situation wenig zu tun haben – Gedanken in Form von Erinnerungen, Zukunftsfantasien oder Sorgen –, kann zu einer selbstquälerischen Obsession werden. Wenn es gelingt, den Patienten, der unter depressiven Schüben leidet, mithilfe der Meditation aus diesem »Zerstreuungsmodus« in einen sogenannten »Achtsamkeitsmodus« hinüberzuleiten, wird ein Rückfall in die Depression sehr viel unwahrscheinlicher. Darüber sind sich nach Kingsland die Psychologen, die sich mit diesen Fragen beschäftigt haben, inzwischen einig.[26]

Mediziner und Psychologen wurden noch vor zwanzig Jahren belächelt, wenn sie versuchten, positive Auswirkungen der Meditation klinisch nachzuweisen. Wissenschaftler setzten damit ihre Karriere aufs Spiel. Das hat sich gründlich geändert. Kingsland schreibt: »Mittlerweile forschen etliche weltweit renommierte Psychologen und Neurologen auf diesem Gebiet und publizieren ihre Ergebnisse in Fachzeitschriften wie ›Nature‹ und ›The Lancet‹.«[27] Die Meditation ist sozusagen wissenschaftswürdig geworden, sie wird inzwischen als eine Methode anerkannt, die über die psychische Entspannung und Festigung nachweisbare Auswirkung auf das Krankheitsbild hat. Mit anderen Worten: Sie gilt heute als ein vielversprechender therapeutischer Weg. Das ist für Menschen, die selbst meditiert haben oder meditieren, keine Überraschung.

Wer Menschen kennt, die über viele Jahre hinweg regelmäßig meditiert haben, weiß um die Ruhe und innere Kraft, die von ihnen ausgeht. Sie scheinen mehr als andere Menschen in der Lage zu sein, eine gewisse Distanz zu den eigenen Emotionen zu halten, objektiver mit sich selbst und anderen umzugehen – und sie besitzen zweifellos eine größere Stress-Resistenz. Sie lassen sich eher auf Gespräche ein, auch wenn sie schmerzhaft sein sollten, sie wirken freier und souveräner. Sie scheinen in vieler Hinsicht die Angst verloren zu haben, die in so vielen Bereichen des Alltagslebens unser Verhalten anderen Menschen gegenüber verzerrt.

Es scheint so, als würden die »neuronalen Pfade« im Gehirn durch die Meditation verändert. Das obsessive, selbstquälerische Denken, die ständige Beschäftigung mit Vergangenem und Zukünftigem, mit Minderwertigkeitsgefühlen und überzogener Selbstkritik, wird zurückgedrängt zugunsten einer Hinwendung zur Gegenwart, zum Erleben und zur Aufmerksamkeit anderen gegenüber. Das ist eine existenzielle Wende, die das Leben vieler Menschen ändern kann.

Wir sehen unser Denken und Empfinden meist als etwas Gegebenes, etwas Unveränderliches. Die Meditation aber scheint etwas zu bewirken, das wir selbst nicht ganz zu durchschauen vermögen. Indem wir versuchen, die Gedanken in unserem Gehirn zu beruhigen oder stillzustellen, gewinnen wir Distanz zu den Problemen, um die diese Gedanken kreisen. Die innere Nervosität wird abgewehrt und durch die Ruhe der Meditation ersetzt. Das schafft Distanz, Distanz nicht nur zu den Gedanken, sondern auch zu den Problemen, mit denen sich die Gedanken zwanghaft beschäftigen. Der Meditierende rückt von den Kurzschlüssen des eigenen Denkens ab, betrachtet sie sozusagen aus einem gewissen Abstand und sieht daher klarer. Er lernt sie einzuschätzen und zu regulieren, um sie im besten Fall schließlich ganz hinter sich zu lassen.

Dabei ist es ein Missverständnis, zu glauben, die Meditation sei eine Art Träumerei, ein Verlassen der Realität, eine Entspannung. Das ist sie gerade nicht. Sie entrückt den Meditierenden in eine andere Sphäre und macht ihn zugleich hellwach, auch wenn das zunächst dem intuitiven Verständnis widerspricht. Man ist ganz und gar im »Jetzt« und auf nichts anderes fokussiert als auf den Augenblick. Die Meditation bringt die inneren Monologe, mit denen wir so viel Zeit verschwenden, zum Schweigen und schenkt eine Leere, die befreiend wirkt. Sie ist ein erfüllter Moment, gerade weil sie leer ist – auch das eine der Paradoxien des Zen.

Und die Meditation bietet eine Methode, die eigenen Gefühle unter Kontrolle zu halten, ruhiger und besonnener zu werden, ohne deshalb in Gleichgültigkeit zu versinken. Wie Erich Fromm gesagt hat: Sie hilft dem Menschen, seine Umgebung und die Natur unmittelbar und intuitiv zu erfassen. Dieser ruhige Blick auf die Umwelt ist der tiefste Sinn der Meditation – er wirkt der Nervosität entgegen, die eine innere Spiegelung der Dynamik unserer Zivilisation ist. Auch die Vogelbeobachtung kann man durchaus als eine Form der Meditation auffassen: Sie konzentriert, beruhigt, erfüllt. Der weise Koch, der Dōgen inspirierte, hätte dem sofort zugestimmt.

Und da ist noch eine Gemeinsamkeit zwischen der Meditation und der Vogelbeobachtung: Es gibt kein Auseinandertreten von Mittel und Ziel. Die Meditation strebt nach nichts, sie steht für sich und genügt sich selbst. Auch die Vogelbeobachtung ist selbstgenügsam, sie ruht in sich, es geht nicht darum, etwas zu erreichen. Es geht darum, etwas zu sein.

III

DIE SEEN

Die Uckermark

Es gibt zwei unterschiedliche Typen von Vogelbeobachtern. Die einen reisen, um seltene Vögel zu sehen und ihre »Life-list« aufzufüllen, die anderen bleiben zu Hause, um immer dieselben heimischen Vögel zu beobachten – und manchmal das, was man in der Ornithologensprache einen Irrgast nennt: einen Vogel, der sich verflogen hat oder den ein Sturm in Breiten verschlagen hat, die er normalerweise nicht aufsucht. Die Amerikaner, die für alle Dinge dieser Welt immer schnell einen Begriff zur Hand haben, sprechen vom »Traveler« und vom »Patchworker«. Der Traveler ist der oder die Reisende, das ist klar, der »Patchworker« ist der Typus, der zu Hause bleibt und jeden Tag seinen »Patch« aufsucht, seinen Flecken, jemand, der oder die immer dieselben Wege geht. Und natürlich gibt es unter den Birdwatchern die Mischung dieser beiden Kategorien, wozu sicher die Mehrheit der Vogelbeobachter zählt – wie auch ich. Das sind Menschen, die gerne reisen, um andere Länder, andere Landschaften, andere Vögel zu sehen, die aber zugleich bei sich zu Hause einen oder zwei »Patches« haben, die sie immer wieder abgehen.

Die Frau, die wahrscheinlich von allen Bewohnern dieser

Erde die meisten Vogelarten gesehen hat, bereiste alle Kontinente und kam in ihrem unermüdlichen Erlebnishunger und Wissensdrang auf 8.500 Spezies. Nach der jetzigen Zählung existieren auf diesem Planeten etwa 10.000 Vogelarten. Die Zahl hat sich in den vergangenen Jahrzehnten erhöht, weil man festgestellt hat, dass sich innerhalb bestimmter Arten so markante Unterschiede entwickelt haben, dass man nun von zwei verschiedenen Spezies ausgehen kann. In selteneren Fällen ist das auch umgekehrt abgelaufen: Die Wissenschaft ist von zwei verschiedenen Arten ausgegangen und hat dann festgestellt, dass es sich nur um eine Unterart der Spezies handelt. Ein einsamer Rekord ist die Beobachtung von 8.500 Vogelarten auf jeden Fall, ich kann mir nicht vorstellen, dass viele Birder auch nur in die Nähe dieser Zahl gekommen sind.

Diese bemerkenswerte Frau hieß Phoebe Snetsinger und lebte in dem Staat Missouri in den USA. Sie arbeitete als Biologielehrerin an einer Highschool, und von Kindheit an liebte sie es, Vögel zu beobachten (wozu vielleicht beigetragen hat, dass ihr Vorname auch ein Vogelname ist). Dazu war das nur dünn besiedelte, im südlichen Teil vielfach sumpfige, im Sommer tropisch heiße Missouri bestens geeignet. Hier gibt es eine riesige Anzahl von Vogelarten, und auch der große Vogelmaler John James Audubon hat diesen Landstrich mehrfach bereist, hat hier gejagt und gemalt. Phoebe durchstreifte Missouri an ihren Wochenenden und in den Ferien, und sie hätte sich wahrscheinlich mit der reichen Vogelwelt Missouris zufriedengegeben, wenn sie nicht plötzlich eine niederschmetternde Nachricht erhalten hätte. Im Alter von fünfzig Jahren wurde ihr mitgeteilt, dass sie an Krebs erkrankt sei – nach den damaligen Maßstäben war sie ein hoffnungsloser Fall. Diese Nachricht veränderte ihr Leben radikal. Phoebe muss eine entschlossene Frau gewesen sein, denn sie lehnte jede Behandlung ab. Sie hatte eine Erbschaft gemacht, war finanziell unabhängig, und sie beschloss, die Zeit, die ihr blieb, mit dem zu füllen, was sie am liebsten machte: reisen und Vögel beobachten. Zuerst flog sie nach Alaska und erkundete den Norden, etwas, wonach sie sich schon immer gesehnt hatte. Dann suchte sie sich neue Ziele in Südamerika, Afrika und Asien. Ob es nun die Erfüllung ihres Lebenstraumes war oder ein biologischer Zufall: Wie durch ein Wunder kam die Krebserkrankung zum Stehen, sie fühlte sich wieder gesund. Aber sie kehrte nicht ins Berufsleben zurück, sondern plante neue Reisen; Reisen, die eigentlich eher Expeditionen glichen, denn wo immer sie hinfuhr, hatte sie sehr genaue Vorstellungen von dem, was sie sehen wollte. Es ging immer um seltene Vögel, Vögel, die sie noch nicht gesehen hatte. Und sie ruhte nicht, bis sie sie tatsächlich vor Augen hatte. Dabei nahm sie alle Unbequemlichkeiten und Härten beharrlich auf sich.

Unter den Birdern dieser Welt war sie bald eine bekannte Erscheinung, und ihre »Life-list« – darin sind alle Vögel verzeichnet, die ein Vogelbeobachter gesehen hat – wuchs immer weiter an, bis sie die bereits genannte, wahrhaft erstaunliche Zahl erreichte.

Phoebe Snetsinger starb 1999 in Madagaskar, auf einer Expedition, bei der sie es auf den extrem seltenen Helmvanga abgesehen hatte. Den sie auch tatsächlich vor das Fernglas bekam. Sie starb nicht an Krebs, sondern bei einem Unfall auf der Rückfahrt. Der Jeep, in dem sie saß, kam von der Straße ab und überschlug sich. Sie war sofort tot.

Einen der beeindruckendsten Patchworker, die mir über den Weg gelaufen sind, lernte ich in Wales kennen. Ich war bei einem Freund zu Gast, der sich nicht für Vögel interessierte, aber umso mehr für Lyrik und Politik. Er hatte gerade die Gedichte von W.H. Auden für sich entdeckt, und darüber unterhielten wir uns, denn auch Politik schied als Thema aus. Er war sehr konservativ, ein Bewunderer von Margaret Thatcher. Aber er kannte meine Leidenschaft für das Birdwatching, und eines Tages überraschte er mich mit der Nachricht, dass er einen Mann gebeten habe, mich mit der Vogelwelt der Gegend bekannt zu machen. Nun ist die Vogelwelt von Wales nicht viel anders als die in Deutschland, aber ich freute mich trotzdem darauf, diesen Mann zu treffen. Es macht immer Spaß, mit einem anderen Birder zu wandern und mit ihm über die Vögel zu reden.

Also fuhr mich mein Freund eines Morgens zu ihm, und wir gingen zusammen den Weg, den er in der Regel an jedem Tag des Jahres mit dem Fernglas um den Hals abschritt. In der Nähe seines Hauses gab es einen See mit einem unaussprechlichen langen Namen und dem für Wales typischen Wasserfall. Sein »walk«, wie er es nannte, führte um diesen See herum, er unternahm ihn, »come rain or shine«, bei jedem Wetter also, seit über dreißig Jahren. Natürlich kannte er jeden Busch und jeden Baum, und er wusste genau, wo die Vögel sich aufhielten. Er sah anscheinend auch ohne Glas sehr gut, und sein Gehör war sensationell. Lange bevor ich etwas hören konnte, sagte er die Vögel voraus, die auf uns zuflogen oder die im Gebüsch um uns her saßen. Es war verblüffend, für mich herrschte ein tiefes Schweigen, er aber blieb stehen und sagte: »Bullfinch«, oder »Yellowhammer«, oder »Stonechat«. (Gimpel, Goldammer, Schwarzkehlchen). Tatsächlich kamen sie entweder auf uns zugeflogen oder saßen in einem Busch, an dem wir wenig später vorbeigingen. Einmal hörte er einen »Woodcock«, eine Waldschnepfe, aber wir bekamen sie nicht zu Gesicht. Sein Fernglas benutzte er nur selten. Wären wir einfach nur gewandert, wären es wohl zwei Stunden gewesen, aber durch das häufige Stehenbleiben, wenn wir Vögel sahen oder zu sehen hofften, dehnte sich unser Ausflug auf dreieinhalb Stunden.

Obwohl er recht einsilbig war, machte es Spaß, mit ihm unterwegs zu sein. Dieses Vergnügen kann allerdings durchaus einseitig gewesen sein, denn ich sah manchmal an seinem Blick, dass er ein wenig verwundert war, wie wenig ich wahrzunehmen schien. In seiner stillen Bescheidenheit machte er sich wahrscheinlich nicht klar, wie ungewöhnlich scharfsichtig und hellhörig er war.

Er lud mich nach unserer Wanderung in sein Haus ein, ein »Cottage« am Rand des Dorfes, in dem er mit seiner Frau lebte – sie hatten anscheinend keine Kinder –, und zeigte mir, natürlich bei einer Tasse Tee, seine Aufzeichnungen. Er hatte tatsächlich seit dreißig Jahren fast täglich zu Papier gebracht, was er bei seinem »walk« um den See gesehen hatte. Ich war fasziniert, und er offensichtlich sehr dankbar, dass ich mich sofort in seine Aufzeichnungen vertiefte. Interessant waren vor allem die Daten: wann die Zugvögel nach Wales zurückkehrten, wann sie wieder aufbrachen, wann sie brüteten, wann die Jungen flügge waren. Er redete nicht viel, aber man merkte doch, dass er auf seine Aufzeichnungen stolz war, die er in schöner Schrift in blauer Tinte in eine ganze Reihe großformatiger Hefte eingetragen hatte.

Ich fragte ihn, ob seine Frau sich für Vögel interessiere – nein. Ob er jemanden im Dorf habe, mit dem er reden könne – nein. Ob er er mit anderen Ornithologen korrespondiere – nein. Er schien ganz allein zu sein mit seiner Leidenschaft, aber das machte ihm offenbar wenig aus. Ich riet ihm, sich wenigstens einen Hund anzuschaffen, damit er auf seinem täglichen »walk« einen Begleiter hatte. Aber der weise Mann antwortete: »Ein Hund scheucht die Vögel auf.« Ich muss zugeben, ich fühlte mich ein wenig an meinen Platz verwiesen angesichts dieser Passion für das Vogelbeobachten. Er war in seiner Weise großartig.

Ich habe zwei »Patches«, zwei Spaziergänge, die ich immer auf denselben Wegen mache: den einen in der Uckermark, den anderen im Grunewald in Berlin. In der Uckermark, in einem kleinen Dorf dicht an der Grenze zwischen Brandenburg und Mecklenburg, habe ich in den Neunzigerjahren ein kleines Haus mit einem großen Garten gekauft. Das Haus war im Grunde eine Ruine, und der eigentliche Kostenpunkt war nicht der Erwerb, sondern der Wiederaufbau und die Renovierung. Der Grund dafür, warum wir uns hier ein Wochenendhaus einrichteten, war vor allem der Vogelreichtum der Gegend um die Feldberger Seenplatte. Hier fanden sich noch all die Vögel, die angeblich auch weiter im Westen lebten, dort aber nur noch selten zu sehen waren. Es liegt wahrscheinlich vor allem daran, dass die Uckermark so menschenleer ist – eine der am dünnsten besiedelten Landschaften Deutschlands. Hinzu kommen die vielen Seen, die sauber geblieben sind, weil es hier keine Industrie gab. In ihnen leben noch Süßwasserkrebse, Muscheln und viele Fische. Und es gibt keine großflächige Versiegelung – das Problem vieler Landstriche im Westen Deutschlands. Man sah hier all die ungepflasterten Wege und Pfade, in deren Staub die Sperlinge ihre Bäder nehmen konnten, die aufgegebenen verwilderten Felder, die Knicks, Wälder und Seen, und ich wusste, dass hier die Vögel überleben konnten, die es in anderen Teilen Deutschlands einfach nicht mehr gab.

Ich bin in Kiel aufgewachsen, und meine Mutter liebte die Natur und wanderte leidenschaftlich gerne. Wir waren drei Brüder, im Alter dicht beieinander, und wir liebten unsere Mutter sehr und waren deshalb sehr geduldig, was ihre Wünsche anging. Also wanderten wir mit. Die Landschaft hier in der Uckermark erinnerte mich an das östliche Schleswig-Holstein meiner Kindheit, die Seen, das hügelige Land, die ungepflasterten Wege, die Rapsfelder und die Buchenwälder, die sich auf der Steilküste am Rand der Ostsee hinzogen – all die Landschaften, die wir bei den Wanderungen mit meiner Mutter damals kennenlernten, Landschaften, die noch so waren wie vor Hunderten von Jahren, die jetzt aber gepflegt, gekämmt und gepflastert sind und dadurch ihre Vogelwelt weitgehend verloren haben. Die Ähnlichkeiten der Uckermark mit der Natur im östlichen Schleswig-Holstein der Fünfzigerjahre war ein starker Antrieb, sich hier niederzulassen.

Das Haus ist eher eine Kate, Teil eines großen Pastorats, gebaut als »Predigerwitwenhaus« gegen Ende des 18. Jahrhunderts. Offenbar starben die Pastoren der Dorfkirche, die aus dem 14. Jahrhundert stammt, des Öfteren vor ihren Frauen, dann kam ein neuer Pastor mit seiner Familie, und die Witwen mussten irgendwo untergebracht werden. Daher baute man damals, wenige Jahre nachdem das große Pastorat errichtet worden war, das Predigerwitwenhaus – im selben Stil, nur sehr viel kleiner. Es war für zwei Witwen ausgelegt, denn im Untergeschoss gab es zwei Küchen. Der Schornstein, das Herzstück des Hauses, ist ein sogenannter »Hosenbeinschornstein« – das heißt, er teilt sich schon über dem Obergeschoss, und die beiden »Hosenbeine« führen dann zu den Witwenküchen. Jede der Frauen hatte ein Wohnzimmer, eine Schlafkammer und eine Küche, mehr gab es nicht. Das Obergeschoss wurde nicht bewohnt, sondern wie damals üblich als Getreidespeicher benutzt. Deshalb ist die Decke so stark gebaut – sie musste das Gewicht des Korns tragen. Man machte das, weil es die einzige Möglichkeit war, Mäuse und andere Nager von den lebenswichtigen Getreidevorräten fernzuhalten.

An den Wänden dieser Kate hängen nur Vogelbilder. Es sind Zeichnungen oder Stiche, die ich im Laufe der Jahre gesammelt habe. Im Wohnzimmer sind es Lithografien von Johann Friedrich Naumann, im Esszimmer daneben drei große Stiche von John James Audubon (er hatte den Ehrgeiz, alle Vögel in Originalgröße abzubilden, was ihn dazu zwang, einige der größten, etwa den berühmten Flamingo, mit merkwürdig verdrehtem Hals wiederzugeben). Dazu kommen Bilder von

Elizabeth Gould (sie war die Künstlerin in der Familie, nicht ihr zu Unrecht weit berühmterer Mann, John Gould) oder Edward Lear und Stiche älteren Datums, deren Urheber nicht mehr festzustellen sind.

Das Haus hat eine wunderbare Atmosphäre, was vielleicht mit den atmenden Lehmwänden zusammenhängt, die sorgfältig wiederhergestellt wurden, vielleicht auch mit den früheren Bewohnerinnen … Es ist dunkel und kühl im Sommer, warm und gemütlich im Winter, wenn das Feuer im Kamin brennt. Die Kate hat einen ganz eigenen, angenehm trockenen Geruch. Ich glaube bestimmt, dass ich sie auch mit verbundenen Augen erkennen würde. Es ist eine Freude, morgens in diesem Haus aufzuwachen, wenn es dämmert und man im Zwielicht des frühen Morgens die sich unter dem Dach verlierenden Balken noch kaum erkennen kann und nur das Dachfenster ein graues Rechteck in dem Dunkel da oben bildet. Im Frühjahr und Sommer singen im Garten die ersten Vögel: Buchfink, Amsel, Grünfink, niemals der Star, der ein Langschläfer ist. Manchmal der plötzliche Trompetenstoß eines Kranichs oder das weiche Rufen der Graugänse, die über den Garten hinwegziehen, der Schrei des Mäusebussards.

Die früheren Bewohnerinnen …, ja, zwei von ihnen kenne ich. Ich kenne sie sogar sehr gut. Eines Nachts, als ich allein in dem Haus war, habe ich von ihnen geträumt. Es war ein Traum von solcher Lebendigkeit und Fülle, dass der Begriff Traum ihm eigentlich nicht gerecht wird. Er war eher wie eine Vision, eine Botschaft aus der Vergangenheit. Und weil er so war, wie er war, steht er mir unvergesslich vor Augen wie kaum eine Erinnerung.

Also: Es ist ein grauer Tag, und es regnet. Zwei Frauen kehren in das kleine Haus zurück – sie sind offenbar die Witwen, die hier wohnen. Unter ihren dunklen Tuchmänteln tragen sie Kleider, die in die mittleren oder frühen Jahrzehnte des 19.

Jahrhunderts verweisen: lang und schwarz bis auf die Füße, aber nicht ganz und gar streng, sondern in ihrer Schlichtheit von ein paar Rüschen und Schleifen unterbrochen, sodass die Konturen beider Frauen weich erscheinen. Sie tragen Regenschirme, die sie vor der schweren Holztür, die immer noch so aussieht wie damals, ausschütteln, um dann einen Augenblick in der schmalen, mit roten Steinplatten belegten Diele stehen zu bleiben. Die schweren Mäntel ziehen sie aus und hängen sie an Haken, die links an der Wand angebracht sind. Sie sprechen nicht, sie sehen sich nur an. Offenbar ist es ein Sonntag, und sie kommen aus der Kirche, von einem Gottesdienst, der sie beide sehr berührt, der sie zutiefst ergriffen hat. Sie haben gerötete Wangen und glänzende Augen, als hätten sie geweint, die Trauer nun aber überwunden. Sie sehen einander mit einem zurückhaltenden, doch innigen Lächeln an. Beide sind fünfzig bis sechzig Jahre alt, mit vollen hochgesteckten Haaren und einer schwarzen Haube darauf, die um das Kinn gebunden ist. Ihre Gesichter sind schmal und von großer Feinheit, sie haben beide graublaue Augen und schön geschwungene Augenbrauen – sie sind einander so ähnlich, dass sie Schwestern sein könnten. Von ihnen geht eine Ruhe und innere Gewissheit aus, die man heute nicht mehr kennt. Der Ausdruck ihres Gesichts zeigt unter der Beseeltheit (ich weiß kein besseres Wort) durch die Worte der Predigt Züge von Trauer und Ergebenheit, das Lächeln auf ihren schmalen Lippen ist jetzt nur noch angedeutet. Sie verneigen sich leicht gegeneinander, dann geht jede in ihre Hälfte des Hauses. Die Türen schließen sich hinter ihnen, und das letzte Bild meines Traumes ist die Garderobe links an der Wand, wo Mäntel, Jacken und Tücher hängen, alle schwarz.

Was man an einem Morgen im Garten von G. hören und sehen kann: Das lang gezogene, harmonische Flöten einer Amsel, die unsichtbar irgendwo in der alten Esche sitzt. Eine Mönchsgrasmücke hält sich im Baum an der Stirnseite des Hauses verborgen und flüstert erst ein paar Silben, um dann ihre hellen, weithin klingenden Noten wie in einem triumphalen Ausbruch hinauszuschmettern und plötzlich wieder abzubrechen. Wenn sie schweigt, hört man im Hintergrund das leisere, melodische Plaudern einer Gartengrasmücke. Ein Grünspecht fliegt klagend davon. Einen Moment später bricht das Weibchen mit nur einem gellenden Schrei aus dem Haselnussbusch am Teich heraus. Auf dem Rasen stolzieren die Bachstelzen stumm ihres Weges, mal kurz auffliegend, flatternd, dann sich wieder niederlassend, unablässig mit den langen Schwänzen zuckend: Wippsteert. An eine der drei stattlichen Eichen vor dem großen Pfarrhaus klopft leise ein Buntspecht. Zwei Kohlmeisen läuten ausdauernd oben am Hügel, wo die alte Feldsteinkirche steht. Eine Kornweihe segelt langsam über den Garten hinweg, die langen Flügel leicht angewinkelt, den Kopf hin und her wendend, auf der Suche nach Beute. Mit trockenem, meckerndem Alarm schießen zwei oder drei Wacholderdrosseln davon. Ein Eichhörnchen läuft mit gestrecktem Schwanz über den Boden, einen Moment später taucht es auf dem niedrigsten, fast waagerechten Ast der Eiche in der Nähe der Terrasse wieder auf. Jetzt sieht es mich, setzt sich und legt den etwas schütter geratenen Schwanz den ganzen Rücken hinauf bis über den Schädel, sodass es wirkt, als hätte es eine Igelfrisur. Die Pfoten über der Brust zusammengelegt, guckt es mich mit großen dunklen Augen an, pausbäckig, ganz und gar Aufmerksamkeit, während ich so langsam wie möglich Tee trinke.

Ein Frosch springt in den kleinen Teich, den ich angelegt habe, um die Vögel anzulocken, die dort trinken und baden. Der Plumps ist wie ein Punkt und dann ein Kreisen im Bild der Landschaft. Der japanische Dichter Bashō hat diesen Laut in einem Gedicht, einem Haiku, verewigt:

Der alte Weiher!
Es stürzt ein Frosch sich hinein –
Nachhall des Wassers.[1]

Ein Teichrohrsänger beginnt in der Ferne seinen knarrenden Gesang. »In solchen Stunden wachse ich wie Mais in der Nacht«, sagt Henry David Thoreau in *Walden*. Damals dachten die amerikanischen Farmer tatsächlich, der Mais wüchse bei Nacht, weil sie sich die Schnelligkeit, mit der er in die Höhe schoss, nicht anders erklären konnten. Thoreau sagte auch ganz nüchtern: »Die meisten Menschen führen ein Leben stiller Verzweiflung«, und meinte damit, dass sie jede Verbindung zur Natur verloren hatten.[2]

Dieser Garten ist der Ausgangspunkt meines täglichen Ganges um meinen »Patch«. Begrenzt wird er nach Süden hin von einem Knick, der mir viel bedeutet. Er zieht sich einen Abhang hinunter, im oberen Teil ist er etwa drei Meter breit, unten sogar bis zu acht Meter. Große Bäume wachsen in ihm, die hier verbreiteten Eschen, aber auch Ahornbäume, zwei Walnussbäume und mehrere Pflaumenbäume, die sich aus dem undurchdringlichen Unterholz erheben. Im unteren Drittel gibt es einen Durchschlupf, den sich Rehe und Hirsche gebahnt haben. Von denen gibt es hier viele, und sie kommen in den Garten, um am Teich zu trinken. Ganz am unteren Ende des Knicks steht eine riesige Esche, deren grauen Stamm auch vier Menschen nicht umspannen könnten. Die Krone ist breiter als hoch, die Äste sind gewaltig. Wenn man den Baum sieht, versteht man, warum die Germanen die Esche für den Urbaum hielten.

So ein Knick ist eine Welt für sich, und wenn man ihn den Frühling und Sommer hindurch geduldig betrachtet, sieht man, wie viel Leben in ihm ist. Fitis und Zilpzalp klettern da herum, ein Kleinspecht hangelt sich von Ast zu Ast, Zaunkönige huschen wie Mäuse durch das schattige Unterholz und brechen plötzlich in ihr schmetterndes Lied aus. Sicher haben sie im Gewirr des toten Holzes am Boden des Knicks auch ihr verborgenes Nest. In den oberen Ästen sitzen Wacholderdrosseln, Mönchsgrasmücken und Buchfinken, die Meisen sind überall: Kohl-, Blau-, Weiden- und Sumpfmeisen. Ab und zu lässt sich ein großer Raubvogel auf einem kräftigen Ast nieder – ein Mäusebussard oder ein Rotmilan. Auf kahlen Zweigen suchen sich die Grauschnäpper eine Warte, von der aus sie ihre eleganten Beuteflüge starten und zu der sie dann wieder in einem Bogen zurückkehren, manchmal macht das auch ein Trauerschnäpper oder – sehr selten – ein Zwergschnäpper. Dann und wann hockt da, ungerührt wie ein Gangster, ein Neuntöter oder ein Raubwürger. Nachtigallen singen abends aus dem Dickicht heraus unsichtbar ihr unvergleichliches Lied, und natürlich hört man fast immer eine Amsel mit ihren flötenden, melancholischen Strophen, manchmal auch zwei oder drei zugleich. Die schwer zu sehende Gartengrasmücke findet sich da, auch die eintönig vor sich hin ratternde Klappergrasmücke und sehr selten einmal der Rohrschwirl oder die Sperbergrasmücke.

Das Nest der Nachtigall habe ich noch nie gesehen. Sie ist sehr heimlich und vorsichtig, und ich scheue mich auch, aktiv danach zu suchen, aber ich bin mir ziemlich sicher, dass sich in diesem riesigen Knick irgendwo eines findet. Noch viele weitere Vögel wohnen hier auf ihre flüchtige, scheue Weise, und manchmal denke ich, dass ich nur hierhergeschickt worden bin, um diesen Knick zu schützen und ihn für immer zu erhalten. Den zumindest kann kein Landwirt ausreißen und niederwalzen.

Aber auch hier in der Uckermark muss man nicht weit fahren, um zu sehen, was die industrielle Landwirtschaft anrichtet. Etwa zehn Minuten von G. entfernt führt die kleine Straße durch ein riesiges Feld, dessen Eintönigkeit durch keinen

Knick, kein Gebüsch, keinen Baum aufgelockert wird. Eine Monokultur bis zum Horizont. Und auf dem Feld stehen hohe Windräder, die zahllose Vögel erschlagen. Es ist ein trostloser Anblick. Der Förster sagt mir, dass die Zahl der Füchse enorm zugenommen hat, weil für sie jetzt das Fressen vom Himmel fällt. Ähnlich geht es einem, wenn man die Insel Sylt mit dem Autozug verlässt und langsam über den Damm auf das Festland zurollt. Links breitet sich ungebrochen die flache Marschlandschaft mit ihren Deichen, Weiden und Gräben unter dem hohen Himmel aus, wie Nolde sie gemalt hat. Rechts, nach Süden hin, bleibt der Blick an einem Wald von Windrädern hängen, einer unwiderruflich ruinierten Landschaft.

Wenn ich als »Patchworker« in der Uckermark unterwegs bin, nehme ich immer den Hund mit. Es ist ein Riesenschnauzer, ein Weibchen, und sie hat sich gut auf das Vogelbeobachten eingestellt. Wann immer ich stehen bleibe und durch das Glas gucke, besonders aber, wenn ich das Spektiv aufstelle, weiß sie, dass es länger dauert, und legt sich ruhig neben mich. Auf Sylt hat ihr das schon das Kompliment von anderen Birdwatchern eingetragen, sie sei ein richtiger »Orni-Hund«. Riesenschnauzer haben tatsächlich einige Vorteile: Sie haben kaum Jagdtrieb, bleiben immer in der Nähe, lernen schnell und wissen bald, dass sie beim Vogelbeobachten nicht stören dürfen.

Mein Weg führt von meinem Garten durch den Knick auf ein offenes großes Feld, das sich in sanften Wellen bis zum Waldrand, der westlich von uns liegt, erstreckt. Am Rande des Feldes gehe ich nach Südosten. Es ist Ende Februar. Heute, bei einigen Grad unter null, rieselt pulveriger Schnee aus einem bleiernen Himmel, und in dem silbrig verschleierten Licht des Winters sind die Felder vor mir hier und da scheckig vom Weiß vereinzelter Schneeflecken, die sich in Kuhlen, an Nordhängen und im Schatten von Büschen und Bäumen bilden.

Da, wo die Weide an die Straße grenzt, muss ich ein Gatter übersteigen. Dann geht es ein Stück die abschüssige Straße hinunter, bis ein kleiner ungepflasterter Weg von der Straße abzweigt und zum ersten der zwei Seen führt, die ich auf meinem Gang aufsuche, um zu sehen, »wer da ist«.

Dieser erste See ist sehr viel kleiner als der andere, aber meist sind auf ihm mehr Wasservögel zu sehen als auf dem größeren, warum auch immer. Es mag etwas mit den Nährstoffen zu tun haben, die sich im Wasser befinden, und mit dem Fischreichtum. Der Weg führt ein langes Stück am See entlang, und er ist hügelig wie die ganze Gegend hier, die einst von der Eiszeit geformt wurde. Ab und zu treffe ich hier junge Geologen von der TU in Berlin, die Messungen und Grabungen vornehmen und, wenn man sie fragt, gerne berichten, dass die Landschaft um die beiden Seen ihren Ursprüngen in der Eiszeit noch nahe und deshalb für Geologen interessant ist.

Es ist eine typische Moränenlandschaft, sanfte, wie mit der Eiskelle geformte Hügel, meist nur grasbewachsen, kahl und einheitlich, ein bisschen wie in Wales oder Schottland. Nur wo der Gletscher Geröll und Stein zusammengeschoben hat, finden sich ein paar Büsche oder kleine Bäume. Im Sommer weiden Schafe hier, ansonsten ist der Boden zu sandig und steinig, um irgendeinen Anbau zuzulassen. Der Weg hebt sich direkt am Anfang des Sees, und da bleibe ich immer stehen, um über das weite Wasser zu blicken.

Es bietet sich ein überraschendes Bild: Hunderte von Stockenten bedecken die Wasserfläche wie mit unzähligen dunklen Flecken. Ich versuche, die Zahl zu schätzen, nehme Gruppen von zwanzig zusammen und addiere sie. Ein sehr grobes Verfahren – ich komme auf etwa 1500 Enten, die wohl im November letzten Jahres aus Skandinavien herunter- oder aus Polen oder Russland herübergekommen sind, als die Seen dort zufroren und sie keine Nahrung mehr fanden. Es sind wilde

Stockenten, schlank und fit und sehr scheu, etwas ganz anderes als die halb zahmen Stockenten, die auf Parkteichen herumschwimmen. Wahrscheinlich sind sie dort, wo sie herkommen, bejagt worden, denn wenn ich mich ihnen auch nur auf dreißig Schritt nähere und stehen bleibe, um sie mit dem Glas zu betrachten, werden sie unruhig, recken die Hälse und sehen zu mir herüber. Als ich am unteren Teil des Sees ankomme, wo der Weg von einem Höhenkamm abfällt und sich in einer ausladenden Kurve dem Wasser nähert, ist es ihnen dann zu viel. Mit einem gewaltigen Rauschen von Wasser und Schwingen heben sie ab – auch die, die ich im Schatten des Ufergebüsches nicht habe sehen können. Und dann ist die Luft erfüllt von Enten, denn die von meiner Seite des Sees reißen alle mit, sodass auch die vom Wasser hochschnellen – bei Stockenten sieht es aus, als würden sie in die Luft springen –, die in der Mitte des Sees und auf der anderen Seite schwammen. Und ihr näselnder, quakender Ruf erschallt hundertfach, sanft, aber allgegenwärtig. Auf der Wasserfläche am oberen Ende des Sees, da, wo ich hergekommen bin, gehen sie geräuschvoll nieder, und es dauert eine ganze Weile, bis sie sich wieder beruhigt haben. Dieses Bild der vielen Enten in der von Schneeflocken erfüllten Luft vor dem Grau des Seewassers und dem gedämpften Graugrün und Gelbbraun von Schilf und Büschen am Ufer hätte niemand malen können.

Stockenten sind Gründelenten – das heißt, sie tauchen nicht, sondern strecken nur den Hals unter Wasser, um an Nahrung zu kommen, und bleiben dabei mit dem hinteren Teil des Rumpfes, der sich dann aufstellt, über Wasser. Ich habe sie aber zu meiner Verblüffung auch schon tauchen sehen. Allerdings nur ganz kurz, doch sie waren definitiv mit dem ganzen Körper unter Wasser, trieben dann sofort wieder an die Oberfläche. Das steht in keinem Vogelbuch.

Nur zwei oder drei Enten sind noch in der Luft, und als ich

sie ins Glas bekomme, stelle ich fest, dass es Gänsesäger sind, Weibchen mit dem durch einen schwarzen Streifen geteilten weißen Feld im inneren Teil des Flügels, der Rücken ganz grau – im Gegensatz zum Schwarz-Weiß der Erpel. Als ich das Wasser noch einmal absuche und mich mit dem Glas durch die Menge der Stockenten taste, bemerke ich eine ganze Reihe von Gänsesägern unter ihnen, auch die in ihrem Prachtkleid leuchtenden Männchen, die etwas größer als die Stockenten sind. Dazu ein paar Schellenten. Was für ein Reichtum auf einem einzigen kleinen See! Und da, wo sich an der südlichen Spitze des Gewässers eine kleine schilfumstandene Bucht öffnet, schweben drei einzelgängerische Zwergsäger auf dem ruhigen Wasser, die unberührt von der Panik der Stockenten die Oberfläche absuchen.

Nicht an diesem Tag, aber ab und zu beobachte ich die Gänsesäger bei einer Art von Treibjagd. Fünf oder sechs von ihnen bilden eine Kette und schießen dann nebeneinander mit großer Geschwindigkeit durch das Wasser, auf der Jagd nach kleinen Fischen. Sie legen dabei den Kopf ins Wasser, jedoch ohne ganz unterzutauchen, und pflügen wie kleine weiße Keile über den See. Manchmal nehmen sie die Flügel zu Hilfe, um noch schneller zu werden. Dabei zeigt sich eine bemerkenswerte Koordination zwischen den einzelnen Vögeln, denn keiner von ihnen bricht aus der Kette aus. Vor allem aber jagen sie tauchend nach Beute, und sie können bis zu zwei Minuten unter Wasser bleiben. Sie haben kleine, ein wenig nach hinten geneigte Zähne, mit denen sie den Fisch halten können. Wenn sie aus größerer Höhe niedergehen, um auf dem See zu landen, entsteht ein merkwürdiger, fast rauschender Laut, der einem sofort sagt, dass dies ein Gänsesäger sein muss – so wie das dunkle Läuten der Flügel einem die Schellente verrät, die diesen Laut sogar in ihrem Namen trägt.

Der Gänsesäger ist ein faszinierender Vogel, aber vor allem

ist er sehr schön. Der tiefrote Schnabel mit seinem kühnen Haken und der dunkelgrüne, matt glänzende Kopf, der schwarze Rücken, das cremig angehauchte Weiß des Unterkörpers und das feine Grau am Bürzel und an den Seiten machen ihn im Prachtkleid zu einer der eindrucksvollsten Enten. Auch das Weibchen sieht wunderbar aus: Der Kopf ist rotbraun mit weißem Kinn, der obere Teil des Halses ist scharf abgesetzt gegen die weiße untere Hälfte und die lichtgraue Brust. Das obere Federkleid wirkt blaugrau, die Flanken zeigen ein helles Grau.

Sie kommen nicht leicht in die Luft, der Anlauf ist lang und laut und platschend, weil die breiten Füße mithelfen müssen, aber wenn sie in der Luft sind, fliegen sie reißend schnell. Die Unterseiten der Flügel sind beim Erpel weiß, sodass ein fliegender Gänsesäger von unten gesehen strahlend weiß erscheint. In den Flügeln des Weibchens ist mehr Grau und Graublau. Sie fliegen sehr gestreckt und mit geradem Körper, die Flugsilhouette ähnelt weniger anderen Enten als einem der großen Taucher, Sterntaucher oder Prachttaucher, oder auch dem Kormoran. Manchmal sammeln sich Hunderte von Gänsesägern auf dem kleinen See und dem benachbarten größeren. Dann ist die Luft voll von ihnen, ein fantastischer Anblick. Angeblich gibt es auf größeren Gewässern Schwärme von bis zu 10.000 Gänsesägern. Im Gegensatz zu den lärmenden Stockenten bleiben sie meist still, ich habe sie nie rufen hören.

Auf dem zweiten, viel größeren, durch viele Buchten und Inseln gegliederten See ist kaum etwas zu sehen: eine dicht zusammengedrängte Kette von tiefschwarzen Blässrallen und auf einem großen Felsen vor dem Ufer einer der Inseln (die lokale Folklore erzählt, der Stein sei von einem zornigen Riesen dorthin geworfen worden) vier Kormorane, regungslos wie schwarze Frösche, die alle in eine Richtung blicken. Der Felsen, weiß vom Kot der Vögel, hat die Form eines Schmetterlings mit breiten flachen, leicht angehobenen Flügeln, es wirkt, als wäre er tatsächlich hierhergeflogen, aber es ist natürlich das Eis, das ihn geschoben und flach geschliffen und das auch den See gegraben und ihn mit seinem Schmelzwasser gefüllt hat.

Manchmal ruhen auf diesem alten Findling, der sicher aus Skandinavien stammt, auch Schwäne, und das ist dann ein sehr viel schönerer Anblick, weil der helle Stein und die weißen Vögel sich wie eine Erscheinung im klaren Wasser spiegeln. Im unteren Teil des Sees lagert in einer Bucht, deren Ufer sich dem Wanderweg gegenüber mit dichtem Schilfbewuchs dahinzieht, eine Reihe von großen, grauen Steinen. Im letzten Jahr kam ich Ende August hierher und sah mit dem Fernglas über das Wasser hinweg auf die hellgrauen Steine im flachen Wasser. Es war ein windiger Tag, bedeckt, aber man konnte die Sonne hinter der dünnen Wolkenschicht ahnen. Die Steine liegen wie der Größe nach aufgereiht, rechts der kleinste und ganz links ein ziemlich großer, gerundeter Findling. Mit ihrem etwas helleren Grau und den feuchten Rändern sehen sie wie Mützen aus dem bewegten Grau des Wassers hervor. Auf den kleineren Steinen hatten es sich bräunlich gefleckte Stockenten bequem gemacht, auf den beiden größeren standen aufgerichtet zwei schwarze Kormorane und hielten die ausgebreiteten Flügel in den Wind, dann folgte ein leerer Stein, und auf dem größten schließlich reckte sich schneeweiß ein Silberreiher in die Höhe. Hinter ihnen nahm das Schilf schon seine Herbstfarben an, orange und gelb. Und jenseits des Schilfs stehen mehrere große Weiden, der Wind zerwühlte das graugrüne Laub, das Corot so gerne gemalt hat. Hinter den Weiden steigt der Hang zu einer Hügelkuppe an, auf die ein Naturfreund eine Sitzstange für Raubvögel gepflanzt hat. Nicht auf der Sitzstange, aber daneben auf der Erde hockte massig ein Seeadler und blickte über das Wasser.

In einem Winter vor drei oder vier Jahren war der ganze See zugefroren, nur in der Mitte hält sich, wahrscheinlich aufgrund einer wärmeren Strömung, immer offenes Wasser. Da sitzen dann viele Gänse auf dem Eis, und in diesem Jahr sah ich inmitten der Graugänse und Enten eine Schneegans, die sich hierher verirrt hatte. Ein Vogelbeobachter aus dem an den See grenzenden Ort bestätigte mir die Sichtung. Er hatte sie auch über mehrere Tage beobachtet. In einem anderen Jahr sah ich, dass sich die Enten und Gänse nur auf einer Seite der offenen Wasserstelle drängten. Auf meiner Seite fiel mir ein großer dunkler Fleck auf. Als ich über das Eis darauf zuging, stellte ich fest, dass da ein Seeadler hockte, zu dem die Gänse und Enten auf Distanz gegangen waren.

Auf dem Rückweg höre ich einen Specht an einem der hohen Bäume links und rechts des Weges – hier sind es vor allem Schwarzpappeln – klopfen, und ich bleibe stehen, um ihn zu entdecken. Das ist nicht immer einfach, weil das Schlaggeräusch des Spechts sehr schwer zu verorten ist. Ich habe mich schon oft getäuscht, es ist so durchdringend, dass man es meist in größerer Nähe vermutet, während es in Wirklichkeit doch weiter entfernt ist. Ich finde ihn aber bald, er stützt sich mit dem Schwanz an einem toten Baumstamm ab und hämmert mit großer Energie und gesträubten Federn auf das Holz vor sich ein. Welche Kraft in einem so kleinen Specht liegt – es ist ein Buntspechtmännchen –, der seiner Suche nach kleinen Insekten in dem toten Holz nachgeht. Dabei ist sein Hämmern aber sehr viel leiser, als wenn er zur Kommunikation hämmert – dann sucht er sich Hohlräume, die ihm eine ganz andere Lautentfaltung ermöglichen. In der Stadt macht er das auch an Metallröhren oder Antennen, die seinem nach höchster Lautstärke suchenden Mitteilungsbedürfnis entgegenkommen.

Dieses Stehenbleiben beim Spaziergang oder bei der Wanderung ist wie ein Innehalten, eine Besinnung. Man neigt dazu – wie übrigens auch beim Meditieren –, nur allzu leicht vom Geschwätz der Gedanken abgelenkt zu werden und in den eigenen Vorstellungen zu versinken. Bleibt man aber stehen, um einen Vogel zu beobachten, wird man aus diesen Fantasien herausgezogen und abrupt wieder in die Gegenwart versetzt, in ein »Jetzt«, das ja viel lebendiger ist als all diese Grübeleien. Und wenn man den Specht sucht oder im Wald einen Waldlaubsänger, dessen sirrender eintöniger Gesang genauso schwer zu orten ist wie das Hämmern eines Spechts, dann sieht man die Bäume überhaupt erst mal richtig, man nimmt sie in ihrer ganzen Schönheit wahr – das unten schuppige, oben rissige Graurot der Kiefern, das glatte Grau der Buchen, das borstige Schwarz-Weiß der Birken, die langen Furchen in den Eschenstämmen, die fantastische Kalligrafie in der Rinde alter Eichen, die gespenstische Gestalt einer alten Korbweide. Man sieht im Sommer die verschiedenen Laubformen, die Blätter, die Grüntöne, das Gewirr der Zweige, im Herbst die roten Beeren, die mattblauen Schlehen, und im Winter bestaunt man, wie tief das Gewicht des Schnees die Zweige beugt – und zu all dem hat das Stehenbleiben verführt, die Suche nach einem Vogel, den man vielleicht gar nicht entdeckt.

Das Lob des Stehenbleibens ist auch deshalb so berechtigt, weil das Verharren zu etwas führt, was man »Umsicht« nennen könnte, die plötzliche Wahrnehmung der Umgebung, in der man sich befindet. Es ist, als öffnete sich ein Vorhang, und all die Schönheiten, die man vorher nur flüchtig oder gar nicht wahrgenommen hat, springen einen geradezu an, als wäre das Auge plötzlich scharf gestellt. Ohne das Stehenbleiben, motiviert von der Suche nach dem Vogel, wäre all das an einem vorübergegangen – man hätte es, in Gedanken versunken, gar nicht bewusst gesehen. Aber wie viel befriedigender ist es, in die Betrachtung der Natur einzutauchen, als in die Geistesabwesenheit eines gedanklichen Gesprächs gesperrt zu sein, wie viel lebendiger und inspirierender.

Zurück geht es dann einen mäandernden Sandweg entlang, den auf der rechten Seite Schlehenbüsche säumen, auf der linken erstreckt sich einen Hügel hinauf eine Weide, auf der manchmal geduldige Schafe grasen. Geht man über diese Weide, kommt man an einen Hang, in den sich die seltenen Uferschwalben ihre Nester gegraben haben. Er ist durchlöchert wie ein Schweizer Käse, und im Frühling kann man die jungen, noch nicht flüggen Uferschwalben beobachten, die es immerhin schon wagen, zum Eingang der Höhle zu kommen, um zu sehen, ob sich die Elternvögel nun endlich nähern und Nahrung bringen. Da ist dann viel los, man sieht bestimmt fünfzig Uferschwalben auf einmal, die in eleganten Bögen hereinkommen und an ihrer Bruthöhle landen, aufgeregt empfangen von den sich drängelnden Kleinen.

Geht man dann weiter, findet man sich oberhalb des Sees wieder und hat einen weiten Blick über den großen und den kleineren See bis hinüber zu der kleinen Stadt, die sich ein Stück weit am Ufer des Sees entlangzieht, bewehrt mit einer alten Stadtmauer. Der schlanke Kirchturm wird noch immer von einem leer stehenden Plattenbau aus der DDR-Zeit überragt, der auf einem Hügelkamm steht. Irgendwann wird auch der verschwinden, und dann wird die Stadt, von hier aus betrachtet, wieder so aussehen wie vor fünfhundert Jahren. Ich hoffe, ich erlebe das noch.

Ein Mäusebussard kreist in der schneeigen Luft über dem See, und plötzlich sind überall um mich herum Bergfinken, ein großer Trupp, die weißen Bäuche und Bürzel blinken im Grau der dunstigen Luft. Die kommen im späten Herbst aus Skandinavien, wo sie brüten, herunter, um hier den Winter zu verbringen. Wenn es auch hier richtig kalt wird, ziehen sie weiter nach Süden. Ihr Flugruf ist härter und tiefer als der unserer Buchfinken, ein kurzes »tjek«. Daneben gibt es noch einen zweiten Ruf: Er klingt ein wenig gequetscht, näselnd. Schön ist der klare Kontrast vom Schwarz des Kopfes und dem leuchtenden Orange von Brust und Schulterfleck beim Männchen. Ich kann sie einen Moment betrachten, dann sind sie alle zusammen, wie auf Kommando, in einem Wirbel auf und davon. In einem kahlen Busch klingelt ein Grünfink. Hier, auf dem Feld links des Weges, habe ich mal einen einsamen Regenbrachvogel gesehen, der im Boden herumstocherte. Ein Vogel, den ich immer suche, aber noch nie zu Gesicht bekommen habe, ist der Brachpieper. Nach allen Vogelbüchern sollte er hier sein, aber ich fürchte, er ist nicht mehr da.

Über den Seen sieht man häufig Seeadler mit breiten regungslosen Schwingen kreisen, manchmal verfolgt von einer Gruppe Krähen oder einem mutigen Kolkraben. Einen Sommer lang konnte ich eine Seeadlermutter mit zwei flüggen Jungen beobachten, die zusammen herumstreiften. Es gibt hier auch Schreiadler, und ich habe sie manchmal am Himmel gesehen, aber nie am Boden. Sie haben einen weit weniger massiven Schnabel als die Seeadler, und er ist auch nicht ganz gelb, sondern dreifarbig, an der Basis gelb, dann in der Mitte graublau und vorne am Haken schwarz. Alles an ihm ist schlanker als beim Seeadler, und das Gefieder wirkt bräunlicher, besonders bei jungen Adlern. Den Namen hat er eigentlich nicht verdient, denn er ist gewöhnlich schweigsam, nur in der Brutzeit hört man seine recht hohe Stimme, fast wie das Gebell eines kleinen Hundes.

Im letzten Teil des Weges streift man ein Dorf und kommt dann wieder an den Rand des kleineren Sees. Oben an der Biegung der Straße habe ich regelmäßig im Frühling eine Grauammer gesehen, die besonders ortstreu zu sein scheint. Außerhalb der Brutzeit sieht man sie in Schwärmen mit anderen Ammern und mit Lerchen und Goldammern auf Äckern und abgeernteten Feldern. Ihr weicher »pit pit«-Ruf ist leicht zu erkennen, manchmal schließt sie auch ihr näselndes »ziäh« an. Im Frühling hört man sie ihr seltsames Lied singen, das mit einem austrudelnden Tischtennisball verglichen worden ist, und das dann in ein Klirren übergeht, als hätte jemand ein Schlüsselbund auf den Tisch geworfen. Manchmal singt sie im Fliegen, und dann lässt sie die Beine hängen, ein erheiternder Anblick.

Dann geht es über die Wiesen zurück nach Hause. Es ist ein Weg, den ich, wenn ich dort auf dem Lande bin, täglich mache, und ich werde diese kleine Wanderung mit dem Fernglas um den Hals nie müde.

Vierzehn Tage später gehe ich wieder meinen »Patch« ab. Es ist eine Wetterlage der Gegensätze. Der Himmel makellos blau, keine Wolke, und die Sonne so warm, dass ich am Nachmittag in einem geschützten Winkel vor dem Haus sitzen und dem unermüdlichen Grünspecht zuhören kann, der sich irgendwo im Garten herumtreibt. Auch die Amseln flöten ihr Lied, und drüben, jenseits des großen Feldes, trompeten in plötzlichen Ausbrüchen die Kraniche.

Teile der Seen tragen noch eine mit Schnee bestäubte Eisfläche, weil es vor wenigen Tagen sehr kalt gewesen ist. Auf dem Weg zum ersten See über die Hügel ergreift mich plötzlich ein Glücksgefühl, und ich brauche einen Moment, um mir darüber klar zu werden, woher es kommt: Ich habe die erste Feldlerche dieses Jahres gehört, das ewige, immer gleiche quirlende Lied, das den Frühling ankündigt wie kein anderes. Das ist mir schön des Öfteren passiert, der Laut ist noch nicht registriert, aber das Gefühl ist schon da, schneller als der Gedanke. Und ich sah die Lerche auch über mir, wie sie flatternd kreiste. Auf dem Weg zu den Seen hörte ich ein paar weitere, und ich bin immer dankbar, dass es noch so viele von ihnen gibt. Was wäre, wenn sie nicht mehr da wären, wenn es wirklich, wie Rachel

Carson vor vielen Jahren düster voraussagte, einen »stummen Frühling« gäbe?[3]

Die Sonne hat auf dem Eis des Sees große Pfützen gebildet, in denen sich die kahlen Bäume des gegenüberliegenden Ufers spiegeln. Dicht an der schillernden Eiskante entlang rudern sechs Gänsesäger mit ihren Weibchen, die weißen Prachtkleider strahlen in der Sonne. Ein paar Eisscherben, die auf der Eisfläche liegen, zittern im Sonnenlicht wie Juwelen. Zwei Zwergsägererpel mit einem Weibchen steigen langsam und vorsichtig vom Eis ins Wasser und schwimmen davon.

Mittelsäger habe ich hier noch nicht gesehen. Sie sind eher Vögel des Meeres, an der Ostsee kann man sie häufig beobachten. Die Zwergsäger sind keine Brutvögel in der Uckermark, sie kommen nur im Winter hierher oder machen auf der Durchreise Station. Ihre Brutgebiete liegen vor allem in Finnland und in einem riesigen Streifen, der den ganzen Norden Russlands bedeckt. Irgendwo in diesem Streifen gibt es eine Demarkationslinie, die bestimmt, ob die Vögel im Winter zu uns – damit meine ich Norddeutschland, die Niederlande oder England – kommen, oder ob sie direkt an das Schwarze Meer und in den Süden Russlands fliegen.

Es gibt Migrationsatlanten, in denen die Flugrouten der Zugvögel verzeichnet sind, und das ist eine faszinierende Lektüre, die einem einen ganz anderen Begriff von Geografie nahebringt, die Geografie der Vögel. Die Vogelzüge sind als bunte Linien eingezeichnet, und bei den Zwergsägern ist zu sehen, dass die meisten von ihnen im März bei uns aufbrechen und nach Nordosten fliegen, um ihre Brutgebiete in Skandinavien und im Westen von Nordrussland zu erreichen. Die Gänsesäger ziehen ebenfalls bis Ende März nach Norden, auch wenn einige von ihnen bei uns bleiben, um hier zu brüten. Gleichzeitig dienen vor allem Dänemark, Norddeutschland, die Niederlande und Südengland als Winterquartiere.

Die Vögel schaffen eine ganz eigene Weltkarte, Zusammenhänge, auf die man nicht leicht kommen würde, die dann aber natürlich erscheinen – wie der Flug der Goldregenpfeifer von Finnland ans Schwarze Meer. Man würde ja auch nicht unbedingt davon ausgehen, dass der Süden Englands oder Irland ein gutes Winterquartier für Zugvögel sind, die die Wärme suchen, aber für die Vögel Islands oder Nordskandinaviens entspricht Südengland wahrscheinlich einem subtropischen Land. Besonders interessant sind die Routen der Ringelgänse, die in Südengland und Irland überwintern. Die Linien, die ihre Bewegungen abbilden, sind geformt wie zwei Halbkreise. Ringelgänse sind Zugvögel, die große Entfernungen zurücklegen können, und der eine Bogen bildet die Flüge ab, die Ringelgänse aus dem fernen Osten Russlands absolvieren, die Nordküste Russlands entlang, dann über die Ostsee und Schleswig-Holstein und Dänemark und schließlich über die Nordsee hinweg in den Süden Englands bis nach Cornwall – ein riesiger Bogen. Der andere Bogen verläuft vom Norden Kanadas über die Südwestspitze Grönlands durch den Atlantik an die Ostküste Irlands. Das sind unfassbar lange Routen, aber die Ringelgänse, widerstandsfähig und ausdauernd wie alle Gänse, sind ihnen gewachsen und legen diese Strecken jedes Jahr zurück.

Vom anderen Ufer des Sees herüber höre ich das ständige Gemurre fliegender Gänse. Es sind mehrere Hundert Graugänse, die dort kreisen und offenbar nicht recht wissen, was sie tun sollen: sich im Gras niederlassen oder weiter in der Luft bleiben. Vielleicht läuft da ein Fuchs herum. Sehen kann ich nichts. Kaum ein Vogel ist in der Luft kommunikativer als die Graugans. Ich höre immer, wie sie sich unterhalten, wenn sie über mein Haus hinwegfliegen – oft in V-Formation, wobei ein Keil in der Regel sehr viel länger ist als der andere. In einem habe ich einmal über sechzig Vögel gezählt.

Die Gänsesäger fliegen auf und zur anderen Seite des Sees

hinüber, wo es freies Wasser gibt. Mit ihrem charakteristischen tiefroten Schnabel, dem ausgestreckten geraden Hals und den kraftvollen Flügelschlägen machen die Gänsesäger in der Luft einen sehr entschlossenen Eindruck, und sie fliegen auch pfeilschnell. Wenig später schießt eines der Pärchen direkt über mich hinweg, auf dem Weg zu einem eisfreien Gebiet des Sees. Ein plötzliches, fauchendes Geräusch über meinem Kopf, und schon sind sie vorbei.

Auf dem Eis stehen in merkwürdiger Zusammensetzung ein Paar Stockenten, ein Paar Gänsesäger und ein Paar Spießenten. Letztere habe ich hier noch gar nicht gesehen, und sie sind im Binnenland auch selten – wie die Mittelsäger gehören sie eher an die Ostseeküste. Aber es ist ein wunderbares Bild, die eleganten, schlanken Spießenten mit dem langen Schwanz neben den kräftigeren Gänsesägern zu sehen. Einige wenige von ihnen brüten bei uns, aber die meisten ziehen ebenfalls nach Norden, um in Schweden, Norwegen, Finnland und im Westen Russlands zu brüten. Im Winter findet man sie eher an den Küsten Englands, Irlands, der Niederlande und in Deutschland an der Nord- und Ostseeküste. Wenn es ihnen auch bei uns zu kalt wird, fliegen sie weiter nach Süden – einige überwintern sogar an der Küste Nordafrikas und am Nil. Sie haben einen längeren Hals als die meisten Enten, und seine Eleganz wird durch das schmal bis hinter die Wange geführte Weiß im Schokoladenbraun von Hals und Kopf betont. Ihren langen, spitzen Schwanz, der ihnen den Namen gegeben hat, besitzen sie nur im Frühling und Sommer, im Winter laufen sie mit einem ganz normalen Entenschwanz herum. Auch dies eine merkwürdige Laune der Natur, denn dieser schöne lange Schwanz hat keinen erkennbaren Nutzen. Die Spießenten gelten als die »Windhunde« unter den Enten, sie sind wahrscheinlich die schnellsten Flieger, noch schneller als die Gänsesäger.

Zum Gesang der Lerchen gehe ich über die Felder wieder zurück nach Hause, vorbei an einem breiten Knick, der aus Eichen besteht, unter denen graue Findlinge liegen, die gut zu den grau gefurchten Eichenstämmen passen. Sie sind nur im Winter und Frühling zu sehen, im Sommer werden sie von Gräsern und Buschwerk ganz verdeckt. Ich habe meinen »Patch« abgeschritten, und wie eigentlich immer habe ich etwas Überraschendes gesehen – in diesem Fall die Spießenten. Und natürlich viele der bekannten Schönheiten, die bei genauem Hinsehen doch immer unerschöpflich sind.

IV

ZEN, NATUR, LYRIK

Bashō

Der Zen-Buddhismus lebt, vor allem in der Form, die ihm seine Entwicklung in Japan gegeben hat, aus einem tiefen Bezug zur Natur. Wie nahe die japanische Kultur in Wort und Bild der Natur steht, sie nachempfindet und achtet, wird jedem deutlich, der sich mit ihren Traditionen beschäftigt hat.[1] Der Dichter Bashō, dessen Haiku in Japan noch heute gelesen und verehrt werden, verkörpert diese besonders für das japanische Zen geltende Einheit von Kunst und Natur. Es ist eine stark naturverbundene Art der Religiosität, die sich in seinem Werk, seinen Haiku und den Tagebüchern, ausdrückt. Das Erleben der Natur auf seinen Wanderungen schildert er mit tiefer Ehrfurcht, Einfühlung und beinahe Zärtlichkeit. Im Dreieck aus Zen, Naturnähe und Dichtung ist er eine zentrale Figur.

Im Buddhismus vor Zen war die diesseitige Welt – ähnlich wie im Christentum – eine Art Jammertal, ein leiderfülltes »Samsara«. Der Zen-Buddhismus aber übernahm vom Daoismus die positive Auffassung der Natur, die in allen ihren Zügen den Geist Buddhas enthält und widerspiegelt. Natürlichkeit und Leichtigkeit werden in der Dichtung des Zen besonders den Vögeln und Fischen zugeschrieben, denn sie leben in Harmonie mit der natürlichen Welt, der Luft und dem Wasser, und sie leben, ohne Spuren zu hinterlassen – ein Ideal des Zen. Vor allem die Luft, der Lebensraum der Vögel, steht für die Leere im Kern der buddhistischen Naturauffassung. Im Japanischen wird dasselbe Schriftzeichen für Luft und Leere gebraucht, nur jeweils in leicht unterschiedlicher Aussprache.

Matsuo Bashō lebte von 1644 bis 1694 und war kein wandernder Zen-Mönch wie sein großes Vorbild Saigyō, der fünfhundert Jahre vor ihm lebte, aber er war stark von den Grundgedanken des Zen-Buddhismus beeinflusst. Im Jahre 1672 ließ er sich in Edo nieder und begann, die Tätigkeit des Haiku-Lehrers auszuüben; er begründete eine Schule und sammelte Schüler um sich.

Es ist nach den Aussagen von Japan-Kennern schwer, die Schönheit der Haiku in der deutschen Übersetzung nachzuempfinden (ich kann kein Japanisch), aber etwas von ihrer Naturnähe und überraschenden Kargheit und Eindringlichkeit begreift man auch in der Übertragung, selbst wenn man den Klang des Japanischen nicht nachvollziehen kann und die kalligrafischen Zeichen von Bashōs Pinsel auf dem Papier, die Teil der Schönheit dieser Gedichte sind, nicht vor Augen hat. Haiku haben im Japanischen die Form von siebzehn Silben, die auf drei Zeilen oder Verse verteilt werden: das Schema ist 5 – 7 – 5. Wobei Silbe vielleicht nicht das richtige Wort ist – es geht eher um Lauteinheiten. So kann ein »ō« mit Makron, dem kleinen Querstrich über dem Buchstaben, zwei Lauteinheiten haben, also als zwei Silben zählen. Eine weitere Regel sagt, dass die Jahreszeit erwähnt oder zumindest angedeutet werden sollte. Bestimmte Begriffe oder Namen weisen auf die Jahreszeiten hin: etwa der Bergkuckuck auf den Sommer, die Wildgans auf den Herbst, die Kirschblüte auf den Frühling.

Viele Zitate und Hinweise auf Vorgänger in den Haiku gehen sicher an einem westlichen Leser vorbei, auch weil es sich oft um verkürzte Zitate früherer Dichtungen handelt. Dies ist eine Eigenheit der japanischen Literatur, die einen westlichen Leser immer wieder erstaunt: Japan besitzt eine lange, ganz ungebrochene Tradition der Dichtung, und die Selbstverständlichkeit, mit der Bashō auf das Werk von Dichtern zurückgreift, die Jahrhunderte vor ihm lebten, hat keine Parallele in der westlichen Literatur. Es ist, als wäre die Dichtung Japans eine Einheit, die von allen späteren Dichtern geteilt wird, als fühlten sie sich als Teile eines großen Organismus. Dadurch entsteht so etwas wie ein gewaltiger Echoraum, in dem schon durch wenige Stichworte die Erinnerung an frühere Dichter und ihre Werke geweckt wird.

Hier ist ein Haiku von Bashō:

> Auf entlaubtem Ast
> ließ die Krähe sich nieder –
> ein Abend im Herbst.[2]

Die Lakonie dieser Gedichte ist die Summe langer Anschauung. Sie hängt in ihrer Wirkung vollkommen davon ab, ob es dem Dichter gelingt, diesen wenigen, kurzen Zeilen Authentizität zu verleihen, ihnen das Gefühl einer inneren, tief empfundenen Erfahrung einzuschreiben. Es ist ein Stimmungsbild, das einen Moment wiedergibt, wie Bashō ihn erfahren hat, aber er selbst, der Dichter, taucht in diesem Bild nicht auf. Es geht ihm darum, die Natur, und nur die Natur, sprechen zu lassen – ohne jede subjektive Zutat. Mit dieser Objektivität, dieser Reinheit schuf Bashō einen neuen Typ des Naturgedichts. Dahinter steht eine Haltung, die ihm seine Vertrautheit mit dem Zen im Lauf eines Lebens vermittelt hatte: Der Verzicht auf Begierden und Wünsche ist die Grundlage einer wahren Erkenntnis. Nur ein leerer Spiegel kann die Schönheit der Natur wiedergeben.

Die Haiku Bashōs sind ein reiner Ausdruck des Erlebens der Natur, und wenn man sie als plötzliche Offenbarung liest, versteht man zugleich ihre Tiefe. Wie in der Zen-Meditation schafft man zunächst eine Leere, um dann eine blitzartige Erkenntnis einzulassen. Die Grenze zwischen dem Subjekt und der Natur, die es wahrnimmt, ist für einen Augenblick eingerissen, und das Bild der Krähe auf dem kahlen Ast geht in den Beschauer ein, wird eins mit ihm. Es ist wie das Bild des Reihers über dem Fließ oder das des schwebenden Albatros. In diesen Bildern meint man, die ganze Schönheit der Natur zu sehen. Nichts anderes will Bashō sagen.

Etwas Ähnliches geschieht in der chinesischen und japanischen Malerei, wo der Maler etwa einen Vogel wochenlang studiert, ihn nur beobachtet, um ihn dann mit ein paar Pinselstrichen aufs Papier zu werfen. Verbesserungen, nachträgliche Korrekturen, gibt es beim Tuschbild nicht. Die Gemälde sind ein Versuch, das Wesen des Vogels zu erfassen, nicht sein Äußeres genau wiederzugeben. Es sind fantastische Werke, die gründliche Vorbereitung mit einer unvergleichlichen Leichtigkeit vereinen. Das gilt auch für die Landschaftsmalerei, die ebenfalls lebhaftes Zeugnis ablegt für die Naturnähe des Zen: »Die vom religiösen Weltbild des Zen inspirierten Naturbilder«, sagt Dumoulin in seiner *Geschichte des Zen-Buddhismus*, »bedeuten den bleibendsten Beitrag des Zen zur Menschheitskunst.«[3] Als größter Maler der Zen-Kunst, ja als größter Maler Japans überhaupt, gilt Sesshū Tōyō, der von 1420 bis 1506 lebte. Dumoulin sagt über ihn: »Die Technik des Tuschbildes, die keine nachträgliche Korrektur zulässt, verlangt eine beherrschte Geisteshaltung, die der Jünger des Zen in mühevoller Übung erwirbt. Jeder Pinselstrich bleibt so, wie er ist: wie er zart anhebt, kühn und stark über das Weiß des Papiers hinläuft und allmählich aushaucht oder plötzlich abbricht. Die Sicherheit und Kraft des Pinselduktus Sesshūs ist unerreicht.«[4]

Eine ähnliche Vereinigung von Geduld und Spontaneität erstreben die Haiku, Gedichte, die auf den ersten Blick nichtssagend oder sogar banal erscheinen, die sich aber, wenn man sich mit ihnen beschäftigt und ihren Hintergrund zu erschließen versucht, geradezu ins Gedächtnis graben, unvergesslich werden. Auch sie wirken wie hingeworfen, sind aber das Ergebnis langer Übung und tiefer Versenkung.

Erst in seinem letzten Lebensjahrzehnt schuf Bashō die Gedichte, die seinen Ruhm ausmachen. Er war offenbar ein schmächtiger, aber zäher Mann, der sich mit einem Wanderstab auf den Weg machte, zu Fuß seine Heimat durchstreifte und sich durch diese gemächlichen Reisen innerlich befreite, um die Haiku zu schreiben, die auch heute noch zum Kanon der japanischen Dichtung gehören. Auf diesen Wanderungen verfasste er poetische Reisetagebücher. Die wortkarge, aber genau treffende Prosa ist dabei ebenso eindrucksvoll wie die eingestreuten Gedichte.

Einer dieser Reiseberichte, *Auf schmalen Pfaden durchs Hinterland*, wird noch heute als Höhepunkt seines Schaffens angesehen. Die Prosa bildet sozusagen die Fassung, in die seine Haiku wie Perlen eingesetzt sind. Schon die ersten Sätze des Tagebuchs sind bezeichnend für die Stimmung der Reise.

> Sonne und Mond, Tage und Monate verweilen nur kurz als Gäste ewiger Zeiten, und so ist es mit den Jahren auch: sie gehen und kommen, sind stets auf Reisen. Nicht anders ergeht es den Menschen, die ihr ganzes Leben auf Booten dahinschaukeln lassen, oder jenen, die mit ihren am Zügel geführten Pferden dem Alter entgegenziehen: tagtäglich unterwegs, machen sie das Reisen zu ihrem ständigen Aufenthalt. Viele Dichter, die vor uns lebten, starben bereits auf der Wanderschaft.[5]

Seinen Aufbruch erklärt er Freunden mit der Sehnsucht, bestimmte Landschaften zu sehen und Stimmungen zu erleben: »So war ich denn jene Küsten entlanggestapft, um im vorigen Herbst in meine brüchige Hütte am Fluss zurückzukehren, wo ich das alte Spinngewebe wegfegte – allsobald ging das Jahr zu Ende. Und kaum war das neue angebrochen, mit seinem dunstüberzogenen Himmel, kam bereits die Sehnsucht in mir auf, die Grenzbarriere von Shirakawa im Frühlingsnebel zu überschreiten.«[6] Diese Sehnsucht ist ein wiederkehrendes Gefühl in Bashōs Werk, immer wieder spricht er davon, bestimmte Orte aufzusuchen, meist solche, die auch schon frühere Dichter aufgesucht haben und von denen er sich Inspiration erhofft.

Shirakawa liegt im Norden Japans und bedeutete früher das Ende der Zivilisation, jenseits der Barriere begann die Wildnis und das Abenteuer. »Im Geiste sah ich bereits den Mond von Matsushima, als ich meine Wohnstätte anderen überließ und in das Landhaus meines Freundes Sampu zog.«[7] Die Bucht von Matsushima galt als die schönste Japans, wie Bashō später erklärt. »Unerschöpflich ist die Zahl ihrer Inseln: die da aufragen, deuten wie mit dem Zeigefinger gen Himmel; die da flach sind, kriechen bäuchlings auf den Wellen.«[8]

Wie gesagt, eine der Regeln der Haiku-Dichtung sieht vor, dass in jedem Haiku auf die Jahreszeit verwiesen wird, und auch wenn diese Andeutung für einen Europäer nicht immer zu erkennen ist, ist sie doch meist vorhanden. Bei Bashō spielt besonders der Herbst eine große Rolle, viele seiner Haiku drehen sich um das Ende des Sommers und den Anbruch des Herbstes. Es gibt da eine Gemeinsamkeit mit der deutschen Dichtung, denn auch in der deutschen Naturlyrik gelten viele der schönsten Gedichte dem Herbst.

Weiß schimmert der Stein
des Felsengebirgs, weißer
der Wind des Herbstes.[9]

Weiß ist im Japanischen die Farbe des Todes, der Einsamkeit, und in der Meditation ist die Seele allein, der Stille der Natur nahe. Bashō liebte die Natur und den Menschen, und seine Dichtung speist sich nicht nur aus dem Zen, er fasste die japanische Tradition der »fuga« als die Einheit von Mensch und Natur auf, von Naturempfindung und Dichtung. »In Bashōs Werk spricht sich in einzigartiger Weise das Naturgefühl des Zen aus«, sagt Heinrich Dumoulin.[10] »Dank dem überaus feinen Naturempfinden der Japaner [fand das Zen] einen neuen, in hohem Maße künstlerischen Ausdruck, von niemand vollkommener ins Wort gestaltet als von Bashō.«[11] Bashō hat sein Leben lang meditiert, und in seinen Gedichten findet sowohl die innere Ruhe der Meditation als auch die daraus resultierende blitzartige Erkenntnis ihren lyrischen Ausdruck. Wenn es jemals einen Zen-Dichter gegeben hat, hier ist er.

Was aus seinem Reisetagebuch vor allem spricht, ist die Suche nach der Einheit von Naturempfinden und Dichtung. An mehreren Stellen betont Bashō, dass er die Natur durch sich zum Sprechen bringen möchte, durch seine Gedichte – eine Parallele zur deutschen Romantik. Der Herbst ist die Jahreszeit, die Vergänglichkeit symbolisiert, denn nun bereitet sich das Jahr auf sein Ende vor.

In diesem Herbst
wie schwindet das Jahr dahin –
Wolke und Vogel.[12]

Es ist rührend, sich diesen zerbrechlichen, nicht mehr jungen Mann auf seinem Fußmarsch durch den Norden Japans vorzustellen, über raue Straßen und Gebirgspässe, beim Überqueren von Flüssen und beim Übernachten in primitiven Hütten. Nur manchmal wird die Härte der Reise unterbrochen durch großzügige Gastfreundschaft, die ihm ein Bewunderer seiner Kunst oder ein Freund gewährt. Die Wanderung nahm etwa fünf Monate in Anspruch, sie führte Bashō und seinen Freund und Reisegefährten Sora, der ihn allerdings nicht auf der gesamten Reise begleitete, durch die Nordprovinzen der Hauptinsel Japans. Dieser Landstrich galt als eine Region, die in ihrer wilden Schönheit der Poesie und der Malerei viele Sujets lieh, ein wenig vielleicht wie der Lake District für die romantischen Dichter Englands. Die Verbindung von Naturnähe, Pietät und Poesie, die Bashō personifiziert, ist dem Ideal unserer Romantik ähnlich, nur dass sie ungefähr einhundert Jahre vorher da ist. Neben ganz banalen Eintragungen in seinem Reisetagebuch gibt es poetische Naturschilderungen, die den Leser in ihrer Intensität überraschen und berühren. Bashō sieht die Natur in einer Weise, wie die Romantiker in Europa sie erst viele Jahre später sehen werden – als Spiegel der inneren Sensibilität und der seelischen Entwicklung des Wanderers. Die Wanderung selbst ist ein seelisches Prinzip: In der Anstrengung und Leistung der Wanderung liegt zugleich die Vervollkommnung des Pilgers – das Wandern ist ein Abbild des Lebens, des Lebensweges, der einer Wanderung gleicht und dessen Ende der Tod ist.

Die stete Unsicherheit einer solchen dem Wetter und den Zufälligkeiten des Weges ausgesetzten Wanderung entsprachen dem Ideal eines Mannes wie Bashō weit mehr als das geordnete Leben in der eigenen Hütte im Kreis seiner Schüler. Er war überzeugt, dass durch die stets neuen Erfahrungen der Reise, die Begegnung mit fremden Menschen und die Beobachtung der Naturschönheiten der Sinn geschärft wird für die wirklich essenziellen Dinge seines Lebens. Er war ein Mann des tiefen Erlebens, der emotionalen Teilnahme an den Orten, die er besuchte, und an den Geschichten, die sich mit diesen Orten verbanden. Immer wieder lesen wir, dass ihm die Tränen kommen: »Vergessen waren alle Beschwerden der Reise – Tränen traten mir in die Augen …«[13]

Vögel spielen in seiner Dichtung eine große Rolle, sie kommen immer wieder vor, sowohl in ihrer Natürlichkeit als auch in ihrer symbolischen Bedeutung:

> Es dunkelt das Meer,
> der Ruf der Wildenten scheint
> weißlich zu schimmern.[14]

Bashō war ein belesener Mann und kannte die Dichtung Japans sehr gut, viele seiner Haiku deuten auf frühere Dichter, zitieren und nehmen auf, häufig ohne sich die Mühe zu machen, das Zitierte zu Ende zu führen. Er ging davon aus, dass seine Leser oder Zuhörer die Dichtung seiner Zeit und ihrer Vorgänger genauso gut kannten wie er selbst, sodass bloße Andeutungen genügten. Für Bashō war vor allem Saigyō (1118 bis 1190) ein Vorbild. Auch Saigyō führte ein Wanderleben, auch er durchstreifte den Norden Japans und feierte die wilde Landschaft in seinen Gedichten, die eine tiefe Frömmigkeit und Melancholie verraten.

In Yoshizaki, einem Fischerdorf im Norden der Provinz Echizen, stößt Bashō auf einen Ort, über den auch Saigyō schon ein Gedicht geschrieben hat, und Bashō zitiert es:

> An der Grenze von Echizen ruderten wir unser Boot über die kleine Bucht von Yoshizaki, um die Kiefern von Shiogoshi zu bewundern. Schon Saigyō hatte an diesem Ort ein Gedicht geschrieben:

Die ganze Nacht
peitschte der Sturm die Wellen hoch.
Und durch die Kiefern
von Shiogoshi tropft feucht
das Licht des Mondes herab …

»Dieses eine Gedicht«, schreibt er, »vermochte die gesamte Schönheit dieser Landschaft einzufangen; ihm auch nur ein einziges Wort hinzuzufügen, hieße der Hand einen sechsten Finger ansetzen.«[15]

Bashō kommt in Zitaten und Andeutungen immer wieder auf Saigyō zurück, ganz lakonisch zum Teil: »Ja, und dann jene berühmte Weide Saigyōs«, schreibt er am Anfang des XIII. Kapitels, »… die am Bach mit klarem Wasser stand.«[16] Das Letzte ist ein Zitat aus einem berühmten Gedicht Saigyōs.

Die Orte der Dichtung waren also in gewissem Sinne vorgegeben. Besonders schöne oder auffällige Landschaften wurden gesucht und von vielen Dichtern literarisch gedeutet oder geschildert. In der Nordhälfte der Hauptinsel Japans gab es viele solcher Orte und Landschaften. Bashō pilgerte geradezu zu diesen Orten der Poesie. Es ist ein Kult des Weges, der Wanderung, der den Wandernden behutsam auf die Ankunft am ersehnten Ort vorbereitet. Im Zen gehört der Weg zum Ziel, beides ist eine Einheit, untrennbar miteinander verbunden. Wer den Weg nicht auf sich nimmt, so Bashō, kann das Ziel nicht erreichen. Das ist sowohl äußerlich im Sinne der Reise als auch innerlich im Sinne der geistigen Vorbereitung gemeint. Andere Dichter begnügten sich damit, diese Landschaften nur zu zitieren, ohne sie selbst gesehen zu haben. Die Erneuerung der japanischen Dichtung durch Bashō hatte auch ihren Grund darin, dass er diese Landschaften tatsächlich aufsuchte und den authentischen Eindruck zu Papier brachte.

Das war der Sinn der Mühen, die er auf sich nahm. Pinsel und Tusche sowie Papier hat Bashō immer dabei, und häufig malt oder dichtet er am Ende des Tages. Man kann ihn sich als eine Art Handwerker der Poesie vorstellen, denn immer wieder wird er angesprochen und um ein Gedicht gebeten, das er dann auch liefert. Wenn er mit anderen Dichtern zusammen ist, schaffen sie sogenannte »Kettengedichte«, längere poetische Werke, an denen jeder der Anwesenden mitwirkt. Eigentlich wollte er loswandern, ohne etwas mitzunehmen, aber dann kommt doch einiges zusammen, was er tragen muss:

> Erstmalig spürte ich die Last, die meinen abgemagerten, knochigen Schultern aufgebürdet wurde. Ursprünglich wollte ich nur einfach so, mit nichts anderem als meinem eigenen Körper beschwert, loswandern! Nun kam noch etliches hinzu: ein Papiergewand gegen die Nachtkälte, ein Bade-Kimono, Regenzeug, Pinsel und Tusche und ähnliches. Auch die vielen Abschiedsgeschenke, die ich nicht ablehnen, Dinge, die ich nicht wegwerfen konnte, werden jetzt zur Bürde der Reise. Das lässt sich nicht mehr ändern.[17]

Die Lakonie dieser Mitteilungen steht in einem so deutlichen Gegensatz zu der Poesie der Landschaftsschilderung und der Gedichte, dass man sich bei der Lektüre manchmal des Gedankens zu erwehren hat, er habe diese Kontraste bewusst gesetzt, um die Wirkung des Poetischen in Prosa oder Gedicht umso überraschender und stärker ausfallen zu lassen. Da sind die Klagen über die Anstrengungen der Reise, über unfreundliche Gastgeber, den Staub und die Hitze, und dann, dagegengesetzt, wunderbare Landschaftsschilderungen und die kleinen Schönheiten der Blumen und Gräser, die Anlässe für Gedichte. Beides ist da, und das Poetische ist umso bewundernswerter, als es einer so harten und entbehrungsreichen Wanderung abgerungen ist.

Manchmal wird ihm ein Pferd zur Verfügung gestellt, sodass er eine Strecke im Sattel zurücklegen kann. Als Reiter darf man ihn sich allerdings nicht vorstellen: Meist wird das Tier am Halfter geführt. Er erzählt eine amüsante Episode mit einem geliehenen Pferd, als er sich auf dem Weg von Urami-no-taki nach Nasu no Kurobane durchs freie Feld schlägt: »Am nächsten Morgen ging es weiter – wieder querfeldein. Da sahen wir ein Pferd auf freiem Feld und sprachen einen Mann an, der Gras mähte. Es war, wie sich herausstellte, ein einfacher Bauer, der sich aber keineswegs ohne Mitgefühl erwies. Er sagte: ›Wie sollte es anders sein? In dieser Ebene laufen die Wege kreuz und quer – alle Fremden verirren sich hier. Das kann Euch genauso passieren. Nehmt also mein Pferd hier und schickt es von dort zurück, wo es stehen bleibt!‹ Damit lieh er uns das Pferd.«[18]

Von Obanazawa aus besuchten die beiden den Yamadera, einen auf Fels gebauten Tempel, und hier schrieb Bashō eines seiner berühmtesten Haiku:

> Einzigartig verschwiegen war die ganze Landschaft um uns, ich hatte das untrügliche Gefühl, dass sie allein nur für uns da war, um unser Herz zu läutern.
>
> Stille …!
> Tief bohrt sich in den Fels
> das Sirren der Zikaden.[19]

Bashō besucht einen leer stehenden Felsentempel. Es ist ein heißer Sommertag, und man hört nur das Sirren der Zikaden, ein lautes, aber gleichmäßiges Geräusch, das Bashō mit einem Bohren vergleicht, das tief in das weiche Tuffgestein des Felsens eindringt. Mit »Stille« meint Bashō wohl das Fehlen jedes anderen Geräuschs, wodurch das Sirren der Zikaden zum Teil der menschenleeren Einsamkeit wird. »Verschwiegen« war die Landschaft, sagt er in der einleitenden Passage, und zum Schweigen der Natur gehört für ihn das eintönige Sirren der Zikaden. Auch dies ist ein Bild von großer Eindringlichkeit, das sich bei einem genaueren Blick immer weiter öffnet – wie so viele der Haiku von Bashō. Sie spüren immer der Wirklichkeit des unmittelbaren Augenblicks nach, dessen, was hier und jetzt geschieht, und versuchen, es einzufangen. Und wenn man sich darauf einlässt, entfaltet diese Gegenwärtigkeit – die Krähe am Herbstabend, der Frosch, der in den Weiher springt, die sirrenden Zikaden – den Zauber der Natur.

Bei seinen Wanderungen im Norden sind schwer begehbare Pässe zu überwinden, und man kann die körperliche Ausdauer und Zähigkeit des Dichters nur bewundern. Immerhin bringt er noch den Humor auf, die Pässe bei ihren Namen zu nennen, ehe er sich erschöpft niederlegt: »Heute überwanden wir die schwierigsten Bergübergänge der Nordprovinzen. Sie heißen: Oyashirazu (›Kennt-keine-Eltern‹), Koshirazu (›Kennt-seine-Kinder-nicht‹), Inumodori (›Da-kehrt-jeder-Hund-um‹) und Komagaeshi (›Pferd-wird-heimgeschickt‹). Diese hatten mich dermaßen erschöpft, dass ich mir nur noch eine Kopfstütze nehmen und mich hinlegen konnte.«[20]

Das vorläufige Ende der Reise führt Bashō nach Ōgaki in der Provinz Mino. Dort machte er im Hause eines ehemaligen Samurai, Jokō, der sich ihm 1684 angeschlossen hatte, Station. Erfreut berichtet Bashō: »Nicht nur Zensenshi, Vater und Sohn Keikō, sondern noch viele andere Vertraute und Freunde kamen Tag und Nacht, einer nach dem anderen, mich zu besuchen. Als wäre ich einer, der fürs Leben zurückgewonnen wurde, freuten sich alle, beglückwünschten und bedauerten mich abwechselnd.«[21]

Dann aber will er wieder weiter – er möchte in Ise bei der

Einweihung eines wiederhergestellten Tempels dabei sein und schifft sich ein, um den Fluss Ibi stromabwärts nach Kuwana zu fahren. Mit einem Haiku, der offenbar im Japanischen so konzentriert ist, dass der Übersetzer im Deutschen sehr viel mehr Silben braucht, endet dieses einzigartige Buch. Es geht Bashō um den Abschied von den Freunden. Nur schwer kann er sich von ihnen trennen. Futami steht für die »Bucht des Wiedersehens«, die bei Ise liegt. Es ist ein Gedicht über Trennung und Wiederbegegnung:

> So ist es mit der Muschel:
> Geht schwer auseinander – wie wir …
> (Ich, um Futami noch einmal zu sehen!)
> im scheidenden Herbst …[22]

Bashō wirkt in diesem Text wie ein alter Mann, zerbrechlich und oft kränklich, aber er war – wenn die Lebensdaten richtig sind – erst fünfundvierzig, starb allerdings schon fünf Jahre später. Der ebenfalls wandernde Dichter Chōora schrieb sechzig Jahre nach dem Tod Bashōs dieses Haiku über ihn:

> Im Reisegewand,
> ein Kranich im Herbstregen –
> der alte Bashō.[23]

V.

DIE NORDSEE

Sylt

Spaziergänge am Meer sind, wie jeder weiß, der sie einmal bewusst unternommen hat, etwas Unendliches. Man geht am Strand entlang und hat neben sich den weiten Eindruck des Meeres, das in bewegter Eintönigkeit bis zum Horizont reicht, und die Laute der Brandung, der klatschende Aufprall und das zischende Auslaufen der Wogen, sind ständige Begleiter. Der Wind füllt einem die Ohren und kämmt das Dünengras zurück, der feste Sand unter den bloßen Füßen macht das Gehen leicht. Sylt ist allein schon aufgrund seiner geografischen Form ein idealer Ort für solche Wanderungen, denn an den langen Stränden der gestreckten Insel entkommt man schnell den wenigen Orten, wo sich die Menschen ballen, und erreicht weite Strecken des Strandes, an denen man mit dem Atmen des Meeres und den Schreien der Vögel allein ist. Man vergisst die Zeit und geht einfach weiter, manchmal setzt man sich in den Sand und sieht den immer neuen Anläufen des Meeres zu oder beobachtet eine Brandseeschwalbe, die auf ihrer Jagd nach Fischen ins Wasser stürzt, oder die Sanderlinge, die mit ihren Nähmaschinenschrittchen vor den im Sand auslaufenden Wellen geschäftig hin und her laufen. Oder man vertieft sich in die über dem Meer besonders eindringlichen Wolkenbilder am Horizont.

Es hat zweifellos etwas Meditatives, hier zu sitzen. In der Meditation spielt der Atem eine große Rolle. Wenn man einatmet, so heißt es bei Shunryu Suzuki, tritt die Luft in die innere Welt ein, wenn man ausatmet, geht die Luft hinaus in die äußere Welt, und die Meditation ist eigentlich das Atmen minus das Ich. »Wenn ihr denkt ›Ich atme‹, ist dieses ›Ich‹ ein Zusatz.« Hier am Strand atmet aber auch das Meer. Das Geräusch der auslaufenden Wellen hat den Rhythmus des Atmens, und das Meer ist grenzenlos – wie der Geist des Meditierenden es sein sollte.[1]

In seinem *Zauberberg* hat Thomas Mann gegen Ende des Romans einen Spaziergang am Meer geschildert und auch bemerkt, dass man dabei das Gefühl für die Zeit verliert. Angesichts des Meeres, das immer anders und doch immer gleich ist, spielt das Vergehen der Stunden keine Rolle mehr. *Der Zauberberg* ist im Grunde ein Roman, in dem nicht Hans Castorp, sondern die Zeit selbst die Hauptrolle spielt, denn immer wieder wird der Leser darauf verwiesen, wie unterschiedlich die handelnden Personen »Zeit« empfinden – so als verginge sie »schnell« oder »langsam« oder auch gar nicht, oder sogar alles zusammen, nämlich langsam, weil nichts geschieht und alles gleich bleibt, und schnell aufgrund der Eintönigkeit, die Tage und Wochen auf einen Augenblick zusammenzieht.

Der französische Philosoph Henri Bergson, der sich am Anfang des 20. Jahrhunderts eingehend damit beschäftigte, wie der Mensch seiner Epoche die Zeit erfasste und empfand, war der Meinung, das westliche Denken habe die Zeit »quantifiziert«, sie also vom menschlichen Empfinden getrennt und ganz und gar räumlich aufgefasst. Er unterschied »temps« und »durée«, also Zeit und Dauer. Den Begriff der »temps« assoziierte er mit dem mechanischen Ablauf der Zeit, wie der Zeiger jeder Bahnhofsuhr sie ruckend anzeigt, den Begriff »durée« mit der subjektiven Erfahrung der Zeit, die eben so gar nicht nach Art der gleichförmig tickenden Uhr vergeht. Alle wichtigen Dinge, die einem zustoßen, die man erlebt, geschehen in der »durée«, denn ein tiefes Erleben verschafft sich sozusagen aus eigener Kraft eine Dauer, die sich nicht in Sekunden oder Minuten messen lässt. Diese Erkenntnis Bergsons kann eigentlich jeder bestätigen, denn jeder von uns hat schon einmal etwas Einschneidendes, etwas Bestürzendes, zutiefst Trauriges oder Glückerfülltes erlebt, das die Zeit verwandelte. Die Zeit des Erlebens ist eine ganz andere als jene, die man totschlägt, während man auf etwas wartet – und sei es auch nur auf den Zug. Wir verbringen den größten Teil unserer Zeit auf Erden in der Gleichgültigkeit der mechanischen Zeit, sagt Bergson, und selten genug reißt uns etwas aus dieser Monotonie heraus. Die tiefe Wahrheit von Bergsons These ist uns jetzt vielleicht geläufiger denn je, da unsere Kinder so viel Zeit vor den Bildschirmen und mit ihren Handys verbringen und damit vom Erleben im realen Sinne weggezogen werden.

Bergson hatte großen Einfluss auf die moderne Literatur. Seine Theorie von »temps« und »durée« ermunterte die Autorinnen und Autoren seiner Zeit, die Chronologie des Erzählens zugunsten eines sehr viel freieren Umgangs mit der Zeit aufzugeben, und das hat sich bis in die Gegenwart fortgesetzt, sowohl in der Literatur als auch im Film. Besonders auf die narrativen und zeitlichen Rhythmen bei Virginia Woolf und Marcel Proust trifft das zu, aber auch in der Lyrik von T.S. Eliot finden sich die Nachwirkungen von Bergsons Philosophie. Die Verlangsamung der Zeit, die zugleich die Erfahrung intensiviert, haben alle drei als fiktionales Element eingesetzt, und sie haben es auch gebraucht, um sich von der konventionellen chronologischen Erzählweise des 19. Jahrhunderts abzusetzen.

Wenn man so will, ist die Meditation etwas, was »Dauer« erschafft, denn in der tiefen Konzentration tritt der mechanische Ablauf der Alltagszeit zurück und man befindet sich in einer anderen zeitlichen Dimension. Die ständige, fast zwanghafte Ausrichtung auf die Zeit, die Gedanken an die Vergangenheit, die Sorge um die Zukunft, verschwinden in der ruhigen Leere der Meditation, in einer Aufmerksamkeit, die nur der Gegenwart gilt, dem »Jetzt«. Ähnliches geschieht, wenn man Vögel beobachtet, denn durch sie, für die es immer nur ein »Jetzt« gibt, wird man aus den inneren Monologen über Vergangenheit und Zukunft herausgeholt und gezwungen, sich dem Augenblick zuzuwenden – Augenblick in beiden Bedeutungen: dem Sehen und dem Jetzt. Und dieser Augenblick kann sich in Bergsons Sinne zu einer Dauer dehnen, in der man sehr viel wahrnimmt: das Verhalten des Vogels, seine Schönheit, seine Lebendigkeit, das Echo einer früheren Begegnung mit diesem Vogel, die Freude über sein bloßes »Dasein«, die Intensität des Lebens im »Jetzt«.

Mit diesem Jetzt ist auch das plötzliche Erscheinen der Vögel verbunden. Das ist mir vor vielen Jahren klar geworden, als ich zum ersten Mal einen Schwarzspecht aus der Nähe sah. Er war plötzlich da, wie an den Stamm des Baumes geworfen, in dessen Rinde sich seine mächtigen Krallen bohrten. Und er sah mich mit seinem hellen Auge an. Es war ein unvermittelter, nicht vorhersehbarer Eindruck – so überraschend wie überwältigend. Man kann sich auf so etwas nicht vorbereiten, auch wenn man sich die Begegnung mit einem bestimmten Vogel noch so oft gewünscht hat. Ähnlich ging es mir, als ich in Afrika zum ersten Mal den Gaukler auf einem Baum sitzen, ihn aus der Nähe studieren konnte. Dieser Vogel, der im Englischen den französischen Namen »Bateleur« (Seiltänzer) trägt, weil ein Franzose ihn zuerst entdeckt und benannt hat, war mir seit meiner Kindheit durch Bilder vertraut, und ich habe mir immer gewünscht, ihn einmal in der Natur zu sehen. Hier war er plötzlich, und sein Anblick, seine ungewöhnlichen Farben, das prägnante Gesicht, waren für mich wie ein Schock, ebenso eindringlich wie unvergesslich.

In so einer Begegnung schießt viel zusammen, das lange Warten, das plötzliche »Dasein« des Vogels, das Versinken in diesem kostbaren Augenblick, die tiefe Freude darüber, dass es ihn überhaupt noch gibt und man ihn beobachten darf, und schließlich die Hoffnung, dass er überleben wird.

Bei meinen langen Gängen am Weststrand von Sylt habe ich die Brandseeschwalben oft beobachtet und bewundert. Sie halten sich ausschließlich an der Meeresküste auf, und sie sind an das Fischen im Meer vollkommen angepasst. Merkwürdigerweise habe ich sie nie schwimmen sehen wie die Möwen, die sich oft aufs Wasser setzen und dahintreiben. Die Brandseeschwalben gaukeln leicht in der Luft dahin, immer auf der Suche nach einem Schwarm kleiner Fische, und wenn sie ihn erspähen, gehen sie in einer weichen Kurve ein Stück höher, bis auf etwa zehn Meter, und stürzen sich dann senkrecht ins Wasser. Manchmal, so heißt es, winkeln sie ihren Sturzflug auch an, sodass sie aus der Schräge ins Wasser stoßen, aber das habe ich nie beobachtet. Tief tauchen sie nicht, etwa ein bis zwei Meter, denn sie sind fast sofort wieder in der Luft, oft tatsächlich mit einem silbern schimmernden kleinen Fisch im Schnabel. Einmal habe ich eine Brandseeschwalbe beobachtet, die auf diese Weise dreimal hintereinander erfolgreich Fische fing. Wenn sie einen Fisch im Schnabel hat, wirft sie ihn herum, bis er nicht mehr quer, sondern längs im Schnabel liegt, und schluckt ihn dann ganz herunter. Manchmal vollführen die Vögel noch im Sturzflug eine plötzliche Drehung, deren Sinn nicht erkennbar ist, sie drehen sich im Hinabstoßen einmal um die eigene Achse und schießen dann ins Wasser. Es ist ein großartiger Anblick.

An Hals und Bauch sind sie leuchtend weiß, mit hellgrauen

Schattierungen im Flügel und am Rücken; die Handschwingen sind von dunklerem Grau. Aber wenn man sie im Sonnenlicht beobachtet, gehen Licht und Schatten bei ihren raschen Wendungen und Stürzen so schnell ineinander über, dass man nur den fließenden Wechsel von Weiß und lichtem Grau erkennt. Die Schwingen sind schmal und gegen das Blau des Himmels wirken sie scharf, wie geschnitten. Ähnlich wie die Küsten- oder die Flussseeschwalben tragen die Brandseeschwalben eine lange schwarze Haube, die im Nacken lang und spitz ausläuft. Manchmal hebt der Wind die Haube, sodass sie struppig aufgestellt erscheint und die Vögel dann so kühn aussehen lässt, wie sie es bei ihren dynamischen Sturzflügen sind. Die Haube zieht sich vom Schnabel her in einer fast geraden Linie zum Nacken. Sie bedeckt das schwarze Auge, das dadurch praktisch unsichtbar wird. Der lange schwarze Schnabel trägt an der Spitze einen gelben Punkt – schwer zu sehen, wenn die Brachseeschwalbe weiter weg ist. Die Beine sind dunkel und recht lang, deutlich länger als bei der Flussseeschwalbe. Sie rufen viel, ihr kreischendes »kjirreck, kjirreck« hört man schon, bevor man sie sieht.

Die Leichtigkeit des Fluges ist wie bei allen Seeschwalben zutiefst beeindruckend. Welche Eleganz, welche Entschlossenheit in ihrem Sturzflug! Sie fliegt dahin, den Blick immer starr hinunter aufs Wasser gerichtet, zuckt manchmal nach unten, wie um zu ihrem Sturzflug anzusetzen, bricht ihn dann aber wieder ab – wahrscheinlich, weil sie die Beute aus den Augen verloren hat – und steigt mit ein paar schnellen Flügelschlägen auf die alte Höhe und sucht weiter. Ab und zu ist sie in ihrem Herabstoßen schon kurz über dem Wasser, fängt sich erst dann ab, geht geschmeidig in die Waagerechte über und fliegt eine Zeit lang dicht über den Wogen. Wenn sie ins Wasser eintaucht und mit heftigen Flügelschlägen fast sofort wieder erscheint, ob mit oder ohne Beute, schüttelt sie das Wasser im Flug in einer schnellen, durch den ganzen Körper laufenden Bewegung ab. Alles, was sie macht, ist von atemberaubender Grazie.

Früher hat die Brandseeschwalbe auf Sylt gebrütet. Dem haben aber leider über den Hindenburgdamm eingewanderte Rotfüchse ein Ende gesetzt. Jetzt ist sie nur noch ein Durchzügler, wie die Vogelkundler sagen, aber ein wegen seiner etwas verwirrenden Flugrouten sehr interessanter. Im Juli erreicht der Bestand der Brandseeschwalben, die sich auf Sylt aufhalten, eine Zahl zwischen vier- und fünftausend. Bis zum Oktober werden es dann kontinuierlich weniger, und im November sieht man sie praktisch nicht mehr. In diesen Monaten fliegen sie anscheinend fast ziellos hin und her. Seltsamerweise wenden sie sich, bevor der Wegzug nach Süden ernsthaft beginnt, manchmal zuerst nach Norden. Es gibt bei den Brandseeschwalben offenbar so etwas, was die Ornithologen einen Zwischenzug nennen: »Ein ständiges Hin- und Herfliegen mit Schwerpunkt Richtung Norden von Altvögeln, denen oft einzelne Diesjährige folgen, ist Ausdruck des Zwischenzuges, der in verschiedene Richtungen verlaufen kann. So ziehen beispielsweise Vögel von der deutschen und niederländischen Nordseeküste bis Nordjütland, ostenglische bis Nordschottland und weiter zu den Nordfriesischen Inseln. Diese Dismigration geht fließend im Juli in den eigentlichen Wegzug über.«[2] Solche merkwürdigen Umwege machen auch andere Zugvögel, und es ist nicht einfach, sie zu erklären, denn Umwege kosten viel Kraft, und eigentlich müssten sich die Vögel ja gerade vor dem langen Zug »ökonomisch« verhalten, also Energie sparen. Eine überzeugende Erklärung für dieses Verhalten gibt es, soweit ich sehe, nicht. Das ist, wie so vieles in der Ornithologie, noch ungeklärt.

Die Brandseeschwalben scheinen wirklich Spaß am Fliegen zu haben. Das ist nicht zu übersehen, wenn man sie beobachtet – ihre eleganten Manöver und ihre Sturzflüge sind so faszinierend, dass man Stunden damit zubringen kann, im Sand zu sitzen und ihnen zuzusehen, manchmal mit einem unwillkürlichen Lächeln aus Freude an diesen Flugkünstlern. Welch unfassbare Leichtigkeit in ihrem Flug liegt, zeigt sich in den plötzlichen Schwenks und Kehren, im Sturzflug und im Aufsteigen, in den engen Kurven und im Gleitflug über den Wellen. Der Körper scheint geradezu schwerelos zu sein, als bestünde der ganze Vogel nur aus Schwingen, die ohne jede Anstrengung durch die Luft schießen. Nie hat man den Eindruck, dass sie kämpfen müssen, selbst wenn sie gegen starke Winde fliegen.

Macht man sich die Mühe (und das Vergnügen), die Flugrouten der Brandseeschwalbe in eine Landkarte Nordeuropas einzuzeichnen, ergibt das ein wunderbares, von farbigen Pfeilen wimmelndes Diagramm. Die dänischen und südschwedischen Populationen (so nennt man das) vereinigen sich zum Teil mit den Vögeln aus Mecklenburg-Vorpommern (damit ist die Ostseeküste gemeint) und umfliegen einerseits die jütländische Halbinsel (also Schleswig-Holstein und Jütland, der festländische Teil Dänemarks) oder sie überqueren Schleswig-Holstein dort, wo die Förden der Ostsee tief ins Festland einschneiden, also an der Eckernförder Bucht, der Schlei und der Flensburger Förde. Es ist, als wollten sie so lange wie möglich Wasser unter sich sehen! Ich habe diese Züge in Schleswig-Holstein hier und da beobachtet, und mit welchen Gefühlen begleitet man sie, wenn man etwa zweihundert von ihnen dahinstreichen sieht! Wie sehr wünscht man ihnen, dass sie auf Sylt gut ankommen und von da heil weiter nach Süden kommen. Die westeuropäischen Brandseeschwalben fliegen die europäische Küste hinunter und dann nach Afrika, wo sie an der Westküste überwintern, viele in Mauretanien, manche ziehen noch weiter nach Süden, sogar bis nach Südafrika zum Kap der Guten Hoffnung hinunter.

Wenn man am Strand sitzt und den auf und nieder gehenden Wogen in einiger Entfernung zusieht, fällt einem auf, dass hier und da dunkel gefärbte Enten in den Wellentälern auftauchen oder von den Wogen heraufgetragen werden. Das sind Trauerenten, die vom Strand aus nur ab und zu sichtbar sind. Wenn man in die Dünen hochsteigt und es kein allzu stürmischer Tag ist, sieht man sie in langen Reihen etwa einhundert Meter vom Strand entfernt schwimmen und tauchen. Wenn sie fliegen, dann in Ketten und sehr niedrig über den Wogenkämmen, um sich möglichst wenig dem Wind auszusetzen. Im Gegensatz zu den Brandseeschwalben sind sie schwere und mühsame Flieger, die kaum einmal gleiten. Von der Düne aus ist auch zu beobachten, wie unendlich viele es sind. Man schätzt, dass sich in den Sommermonaten Juli und August bis zu 300.000 dieser Tauchenten vor der Westküste von Sylt aufhalten.

Am Tag nach einem Sturm fand ich am Strand ein angespültes totes Männchen und konnte es genau ansehen. Die Erpel der Trauerente sind ganz schwarz, auch der Schnabel ist schwarz, trägt aber ein orangefarbenes Schild. Dieser Firstfleck setzt zunächst spitz an und verbreitert sich dann wie ein Sattel über den ganzen Schnabel bis hinauf zu einem kleinen Höcker, den die Trauerente an der Schnabelbasis trägt. Es ist der einzige Farbtupfer an dem sonst durchgehend dunkel gefärbten Vogel – der einzigen Ente, die ganz schwarz ist. Hat man den prominenten Fleck mit dem Fernglas oder dem Spektiv entdeckt, ist die Bestimmung kein Problem: Das ist eine Trauerente. Die anderen Meerenten, die hier vor Sylt auftauchen können, sind leicht von ihr zu unterscheiden. Die Samtente ist deutlich größer und hat einen kleinen weißen Haken unter dem helleren Auge, auch einen weißen Flügelfleck, der allerdings im Wasser nicht immer zu sehen ist. Die hier seltene Brillenente hat weiße Kopf- und Gesichtsflecken, einen auffälligen weiß-orange-gelben Schnabel und kein Weiß am Flügel.

Das Weibchen der Trauerente ist braun bis hellbraun am Körper, die Flügelspitzen und der Schwanz sind dunkler, und der Kopf wird unterhalb einer geschwungenen Linie, die knapp unter den Augen verläuft, an den Wangen hellbraun bis weißlich, während der Scheitel dunkelbraun ist, ein Dunkelbraun, das sich bis in den Nacken zieht. Der gelbe oder orangefarbene Fleck auf dem Schnabel fehlt bei ihr.

Sieht man sich die Verbreitungskarte an, so brüten sie in einem schmalen Streifen, der sich von Norwegen über Finnland und dann durch den gesamten Norden Russlands bis zur Kamtschatka-Halbinsel zieht. Hinzu kommen ein paar verstreute Brutgebiete im Norden Schottlands, auf Island und an der Pazifikküste im Norden Kanadas. Die dort brütenden Vögel sind allerdings eine Unterart. Sie brüten also in einem fast perfekten Halbkreis um den Nordpol. Die Trauerenten, die bei uns überwintern, kommen wahrscheinlich aus dem Norden Russlands, fliegen also nach Westen oder Südwesten, um offenes Wasser zu finden. Aber auch im Sommer sind sie da, und man nimmt an, dass sie sich nach der Mauser auf hoher See von Juni bis August vor den friesischen Inseln einfinden. Man kann sie aber auch noch weiter südlich an der Atlantikküste sehen, bis hinunter nach Spanien und Portugal.

An der Südspitze von Sylt, in Hörnum, wo das Wasser ruhiger ist und sie leichter zu beobachten sind, habe ich gesehen, dass Silbermöwen sich schwimmend in ihrer Nähe halten, um ihnen, wenn sie auftauchen, ihre Beute, meist Muscheln, zu rauben. Es sieht geradezu nach einer Paarbildung aus, neben jeder Trauerente schwimmt eine Silbermöwe. Den Enten bleibt da nur ein Ausweg: Sie müssen noch unter Wasser die Beute verschlucken, oder sie tauchen gleich nach dem Auftauchen wieder unter, wenn eine Möwe in der Nähe ist.

Die Trauerenten sind ausgesprochen wetterharte Vögel. Stürme und hoher Wellengang scheinen ihnen wenig auszumachen. Sie kommen nur an Land, um zu brüten, ansonsten leben sie auf dem Meer. Man kann sie nur bewundern. Bewundern auch für etwas, das kaum bekannt ist: ihre Stimme. Ich habe oft in der Nähe des Hörnumer Hafens auf einem Stein gesessen, nur um diese Sirenenklänge zu hören.

Wenn große Gruppen von Trauerenten rufen, klingt es aus der Entfernung wie ein dunkles Gemurmel, das bei Aufregung lauter und heller wird. Darunter ist auch ein eher kratziges, heiseres Rufen, das wohl von den Weibchen stammt. Die Männchen steigern sich manchmal in klagende Glockentöne, die an den Großen Brachvogel erinnern oder an Rufe der Regenpfeifer. Das vielstimmige sanfte Gemurmel, aus dem diese Laute aufsteigen, hat etwas zutiefst Melancholisches und zugleich Harmonisches, und es ist wunderbar, diesen Lauten zuzuhören, die wie aus einer anderen Welt zu kommen scheinen. In der Abenddämmerung, wenn es über der See langsam dunkel wird und der Wind abnimmt, sitzt man wie gebannt dort und hört den Trauerenten zu. Wahrscheinlich haben sie ihren Namen, weil das Männchen ganz schwarz ist, aber sie verdienten ihn auch um ihrer Rufe willen, die durch die Vielstimmigkeit zu Gesängen werden. Am liebsten würde man die ganze Nacht dort am Strand verbringen. Es ist sehr schwer, sich davon zu lösen und in die banale Welt der menschlichen Geräusche zurückzukehren.

Auf Sylt gibt es einen fast vergessenen Ort, den ich zum Vogelbeobachten immer wieder aufgesucht habe: die sogenannte Morsumer Odde. Dort zieht sich in einem weichen Bogen der Deich am Watt entlang, vor ihm liegen weiträumig Salzwasserwiesen, die immer wieder vom Meer überflutet werden, und in dem von den schwarzen Pfählen der Buhnen durchsetzten Watt rasten viele Watvögel: Große Brachvögel, Pfuhlschnepfen, Rotschenkel, Alpenstrandläufer, dazwischen ab und zu ein

Grünschenkel, Knutts, Steinwälzer und Austernfischer. Früher gab es hier einen breiten Priel, den Katrevel, der bis weit ins Land hineinreichte und natürlich Flut und Ebbe unterworfen war. Als dieser Bereich eingedeicht wurde, verwandelten sich die Salzwiesen hinter dem Deich im Laufe der Zeit in Marschland, wo jetzt Kühe weiden, und der Katrevel verschwand – wie zur Entschädigung dient sein Name heute als Bezeichnung für das ganze Gebiet. Als der Deich in den Jahren von 1982 bis 1993 verstärkt und erhöht wurde, entnahm man die dafür notwendige Erde den Marschen hinter dem Deich, und dadurch entstanden neue Teiche, in die auch Brutinseln gesetzt wurden. Dort kann man mit einiger Regelmäßigkeit Tafelenten sehen, Reiherenten, Krick- und Schnatterenten. Im Schilf turnt die Rohrammer herum, und man kann, wenn man Glück hat, einen oder zwei der Rohrsänger hören, den Teichrohrsänger etwa, oder den Schilfrohrsänger. In den Salzwasserwiesen vor dem Deich brüten Austernfischer, Kiebitze, Rotschenkel, Säbelschnäbler, Lach- und Sturmmöwe und auch die Feldlerche und der Wiesenpieper. Fluss- und Küstenseeschwalbe haben hier schon gebrütet, allerdings in geringer Zahl. Und in diesem Jahr (2018) sah ich zum ersten Mal einen Löffler die Moorsumer Odde überfliegen, sehr entschlossen in Richtung Amrum, der lange Schnabel mit dem »Löffel« an der Spitze unverkennbar.

Eine große Ruhe liegt über der Morsumer Odde. Selten begegnet man jemandem, selbst Vogelbeobachter habe ich hier kaum getroffen. Manchmal kommt ein einsamer Radfahrer vorbei, oder ein paar Spaziergänger wandern den Deich entlang, meist aus Richtung Rantum, bleiben stehen und wollen wissen, was ich da treibe. An solchen Gesprächen wundert mich immer, wie wenig Interesse selbst die Menschen, die regelmäßig auf die Nordseeinsel kommen, an der Vogelwelt haben. Wenn man in Keitum oder am Rantumbecken am Wasser entlanggeht und die unendliche Menge an Vögeln sieht, will man denn gar nicht wissen, was die da machen, wie sie aussehen, wie sie heißen? Anscheinend nicht. Dieses rätselhafte Desinteresse verblüfft mich immer wieder.

Auf der Innenseite des Deiches, in den Salzwiesen, weiden im Frühjahr oft große Gruppen von Graugänsen, Ringelgänsen und Weißwangengänsen. Eine Rohrweihe gaukelt manchmal in aller Gelassenheit über die Wiesen hin, und im Gras oder Schilf am Rande der Teiche kann man, wenn man sehr genau hinsieht, Bekassinen entdecken. Die brüten auch hier. Sie sind sehr gut getarnt, und meist sieht man sie eher zufällig, wenn man die am Teichrand rastenden Enten studiert. Die Weißwangengänse, die lange Zeit hier nur überwinterten und hauptsächlich auf Spitzbergen und im Westen Russlands brüteten, haben sich etwa seit Ende der Achtzigerjahre wieder für einige Brutgebiete in Norddeutschland entschieden. Auch auf Sylt brüten sie wieder (oder zum ersten Mal), denn ich habe in den Wiesen bei den Teichen mehrere Gruppen Weißwangengänse mit Jungen beobachtet.

Die Morsumer Odde ist ein Ort, der zum Vogelbeobachten wie gemacht zu sein scheint, und hier habe ich mich immer wieder auf den Kamm des Deiches ins Gras gelegt, um die Schwärme der Limikolen zu beobachten. Oft ist die schiere Masse der Vögel, die da vor einem im Watt auf Nahrungssuche ist, gar nicht zu ermessen; wie groß ihre Zahl ist, sieht man eigentlich erst, wenn sie sich plötzlich mit enormem Gezeter in die Luft erheben. Aber es gibt auch die Schwärme, die sehr viel weiter draußen über dem Watt wie Nebel herumtreiben, zunächst kaum sichtbar, werden sie klarer, wenn sie näher kommen, um dann wieder hinauszuschweben und im Dunst silbrig grau über dem Meer zu verschwimmen.

Diese großen Schwärme sind so faszinierend, weil man sich die Gleichzeitigkeit und die Harmonie im Flug so vieler Individuen nur schwer vorstellen kann, vor allem weil das alles bei hoher Geschwindigkeit abläuft. An der Nordsee sieht man Schwärme, in denen sich Tausende von Vögeln sammeln und ihre kunstvollen Flüge darbieten. Knutts, Alpenstrandläufer und Pfuhlschnepfen und andere tun das, und die Bewegungen dieser großen Gruppen wirken so perfekt und abgestimmt, als wären die Vögel, sobald sie zusammen fliegen, ein einziger Organismus, der von einem kontrollierenden Bewusstsein gesteuert wird. Das ist natürlich nicht so, aber wie machen die das?

Viele Stunden habe ich damit zugebracht, auf dem Deich zu liegen und sie zu beobachten, und nie habe ich einen Zusammenstoß, eine hektische Bewegung oder auch nur eine Stauung gesehen. Es ist ein Anblick, dessen man nicht müde wird. Fast scheint es so, als schrieben die Vögel Botschaften, als zeichneten sie Kunstwerke an den Himmel, die sofort wieder verworfen werden. Wissenschaftler haben sich schon oft gefragt, ob die Natur spielt. Hier scheint sie es zu tun. Denn welchen Zweck sollten diese wunderbaren Wolken aus Vögeln erfüllen?

Eines wird bei genauerer Beobachtung sehr schnell offensichtlich: Es gibt keine Anführer. Die Bewegung kommt aus der Mitte der Vogelwolke, sie rollt sozusagen von innen nach außen, sodass sich die ganze Masse der Vögel zu neuen Gestalten verzieht – mal ist die Wolke lang und schmal, mal rund, mal elliptisch, dann teilt sie sich in zwei Zusammenballungen, reißt auseinander und findet wenig später wieder zusammen. Das geschieht trotz der riesigen Zahl von Individuen in einer Harmonie der Bewegung, die für den Betrachter kaum erklärlich ist. Auffällig ist die Ähnlichkeit mit dem Verhalten von Fischschwärmen, die in derselben Art organisiert sein müssen.

Es gibt Filme, in denen im Zeitraffer die Entwicklung und die Veränderungen von Wolken dargestellt sind. Nichts ähnelt einem großen Vogelschwarm so sehr wie diese Wolken, die immer neue Formen aus sich selbst heraus zu entwickeln scheinen. Sie schwellen an, treiben Ableger aus, entwickeln neue Wolken, die sich auftürmen und dann wieder auflösen, blähen sich auf und schrumpfen zusammen. Die Ähnlichkeit liegt darin, dass dies Formen sind, die stets organisch aus der Mitte der Wolken hervorzugehen scheinen, rollend, sich ballend, dann wieder dünner werdend, immer in Bewegung. Auch im Vogelschwarm kommt die Entwicklung aus der Mitte und verbreitet sich dann rasend schnell nach außen hin. Es ist, als wäre in dieser Mitte die ganze Energie des Schwarms konzentriert, die sich dann wellenförmig zu den Rändern hin ausbreitet.

Jeder, der Vögel beobachtet, weiß, wie unglaublich schnell sie reagieren können. Wenn es den Anschein hat, dass der ganze Schwarm sich wie ein Organismus verhält, muss es daran liegen, dass sich die Bewegung einzelner Vögel augenblicklich multipliziert, weil jeder Vogel das imitiert, was er in seiner unmittelbaren Umgebung wahrnimmt. Es gibt da offensichtlich ein paar sehr einfache, grundlegende Regeln, die jedem Individuum eingeprägt sind: Flieg in dieselbe Richtung wie deine Nachbarn, flieg mit derselben Geschwindigkeit, halte immer denselben Abstand zu den anderen ein, nach vorne, nach oben, nach unten. Die Vögel achten ohne Zweifel darauf, dass sie dicht bei ihren Artgenossen bleiben, sie sind aber offensichtlich ebenso darauf bedacht, ihnen nicht zu nahe zu kommen, um Behinderungen oder gar Kollisionen zu vermeiden. Auf diese Weise können ein paar einfache Regeln Bewegungen von großer Komplexität kontrollieren. Wenn sich jeder einzelne Vogel an diese Regeln hält, kann trotz der enormen Geschwindigkeit, mit der die Manöver ablaufen, nichts passieren. Das Bild des Schwarms bleibt bei aller Veränderung der Form immer harmonisch, ausgeglichen, einheitlich und geschlossen.

Trotzdem kommt es natürlich zu Abweichungen, wie gering sie auch sein mögen. Ein Vogel mag ein wenig zu schnell oder zu langsam fliegen, ein anderer den idealen Abstand nicht ganz einhalten. Die anderen Vögel bemerken diese Abweichungen und versuchen sofort, sie zu korrigieren, indem sie den richtigen Abstand wiederherstellen, ihre Fluggeschwindigkeit anpassen und so fort. Das setzt eine ständige Aufmerksamkeit voraus, eine Wachsamkeit gegenüber dem Verhalten der anderen Vögel, aber das kann niemanden, der Vögel beobachtet, überraschen. Etwas, was man sehr früh registriert, wenn man Vögel genauer anschaut, ist ihre Wachsamkeit, ihre überaus schnelle Reaktion auf alles, was um sie herum geschieht. Sie zählen unter den Tieren sicher zu den lebhaftesten und zu denen, die am schnellsten reagieren.

Nach meinen Beobachtungen entstehen aus diesen minimalen Korrekturen die sich ständig wandelnden Formen des Schwarms. Wie Rauch wallt der Schwarm mal in die Richtung, mal in einer rollenden Bewegung in die andere. Wirkt der Schwarm beim ersten Hinsehen grau, so kann er, wenn sich verschiedene Bereiche ineinanderschieben, dunkler werden, weil mehr Vögel hintereinander fliegen. Das sieht dann so aus, als ob ein dunkler, abgerundeter Schirm sich in den Schwarm hineinschiebt und die Farbe bis zum Schwarz verdickt. Dadurch verändern sich nicht nur die Formen der Vogelwolke, sondern auch die Schattierungen. Es ist ein ständiger Wechsel. Gerade eben war noch alles hellgrau wie Dunst, jetzt gibt es an den Rändern des Schwarms schwarze Streifen, die in die Wolke hineinwandern und schließlich eine Seite des Schwarms dunkel färben. Genauso schnell geht es wieder zurück zu einem hellen, fast durchsichtigen Grau. Manchmal ist es wie ein Flackern, ein plötzliches Aufleuchten, das sich sofort wieder verdunkelt.

Schwenkt also ein Individuum oder auch eine Gruppe von Vögeln innerhalb des Schwarms auch nur ein wenig ein, um die richtige Distanz zu seinen Nachbarn wiederherzustellen,

ahmen alle anderen in der Umgebung diese leise Kursänderung nach, und das übersetzt sich mit der wachsenden Zahl der Vögel, die es nachvollziehen, in immer deutlichere Manöver, denn alle Vögel, die neben, unter oder über ihnen fliegen, sind nach diesen Regeln gezwungen, die Bewegung mitzumachen. Und je weiter diese Welle der Korrektur nach außen, unten oder oben schwappt, desto deutlicher äußert sich das in der äußeren Erscheinung des Schwarms. Er hebt sich hier und senkt sich dort, wächst hier plötzlich empor und verschlankt sich auf der anderen Seite. Es wirkt aus der Ferne wie Atmung. Was in der Mitte des Schwarms noch eine kaum wahrnehmbare Abweichung darstellt, potenziert sich auf dem Weg nach außen. Deshalb hat man bei der Beobachtung der riesigen Schwärme von vielen Tausend Vögeln stets den Eindruck, dass die Flugmanöver des Schwarms immer von innen heraus nach außen drängen, nicht etwa von der Spitze (die es oft gar nicht gibt, wenn die Schwärme ihre Wolkenformen annehmen) oder den Rändern der Vogelwolke bestimmt werden. An den Rändern wird nur radikaler nachvollzogen, was im Inneren als kleine Abweichung begonnen hat.

Aber es gibt neben den gemächlichen, aus der Entfernung traumhaft wirkenden Verwandlungen auch radikale Richtungsänderungen, die in sehr plötzlichen, unfassbar schnellen Bewegungen resultieren. Und da scheint nun wirklich jede Erklärung zu scheitern. Es geschieht so schnell wie die Wendung einer Hand – eine einzige Bewegung, die von Tausenden von Vögeln gleichzeitig vollzogen wird. Bei manchen Vögeln sind Unter- und Oberseite des Körpers unterschiedlich gefärbt, und wenn der Bauch weiß oder schwarz-weiß ist und man den Schwarm bei Sonnenschein beobachtet, entsteht durch das gleichzeitige Herumwerfen so vieler Vögel ein Aufstrahlen, das geradezu blendend ist. Das ist vor allem bei Alpenstrandläufern der Fall, wenn sie solche spektakulären Manöver vollführen.

Der amerikanische Ornithologe Wayne Potts hat die Reaktionsfähigkeiten von Vögeln gemessen und festgestellt, dass die Zeit, die ein Vogel braucht, um auf einen Lichtblitz zu reagieren, etwa 38 Tausendstel einer Sekunde beträgt. Die Wellen, die bei Drehungen durch den Vogelschwarm laufen, sind aber nach seinen Messungen mehr als doppelt so schnell.[3] Wie geht das also?

Natürlich haben Ornithologen versucht, die Abläufe im Schwarm zu messen, aber die Ergebnisse sind nicht sehr erhellend. Auf jeden Fall scheint es so zu sein, dass jeder Vogel die Welle der Kursänderung kommen sieht, auf sie vorbereitet ist und deshalb sehr schnell reagieren kann. Er scheint darauf zu warten und vollzieht die Wendung praktisch gleichzeitig mit den Vögeln in seiner Umgebung. Es geht alles viel zu schnell, um darin eine Staffelung zu entdecken. Die leichte Verzögerung, die entstehen müsste, wenn der einzelne Vogel darauf wartet, was sein Nachbar oder der vor ihm fliegende Vogel macht, gibt es nicht. Die ganze Gruppe in der Umgebung des beobachteten Vogels wendet auf einmal – im Bruchteil einer Sekunde. Wayne Potts, der diese Messungen an Schwärmen von Redwinged Blackbirds in den USA vorgenommen hat, spricht von einem »chorus line effect«.[4] Die »chorus line« sind eine Reihe von Tänzerinnen oder Tänzer in einer Revue oder einem Musical, die sich absolut gleichzeitig wenden oder drehen oder die gleiche Bewegung machen. Das ist einstudiert, sie wissen genau, wann eine Drehung oder ein bestimmter Tanzschritt kommt, und es ist tausend Mal eingeübt, sodass es ihnen in Fleisch und Blut übergegangen ist. Auch die Vögel scheinen zu wissen, dass »es« kommt. Sie nehmen es gewissermaßen vorweg, weil sie es in entfernteren Bereichen des Schwarms wahrnehmen und auf sich zukommen sehen. Das hieße, dass der einzelne Vogel etwas nachvollzieht, was er »kommen sieht«. Aber ich glaube nicht, dass der »chorus line effect« wirklich hilft, das zu verstehen. Die Vögel können das ja nicht einüben. Und das Ganze geht einfach zu schnell, es gibt keine auch noch so geringe Verzögerung in dem Manöver – es geschieht auf einen Schlag.

Ich habe oben gesagt, die Bewegungen des Schwarms wirkten so, als wären Tausende von Vögeln ein einziger Organismus. Das ist kaum möglich, aber es gibt Annäherungen an diesen Zustand, den man auch in der menschlichen Welt kennt, bei der Arbeit, in der Kunst oder beim Sport. Der Sport kennt sogar einen Begriff dafür: der »flow«, das Fließen. Von diesem »flow« spricht man vor allem im Basketball, aber auch im Fußball oder Handball. Wenn eine Mannschaft in diesen Zustand gerät, wenn jeder Spielzug gelingt und die einzelnen Spieler praktisch in der Mannschaft »aufgehen«, dann geschieht etwas, was dem Schwarmverhalten der Vögel sehr nahe kommt. Jedes Individuum scheint zu spüren, welche Bewegung als Nächstes kommt, und handelt perfekt nach dieser Ahnung, es ist, als habe das Ganze ein Bewusstsein, dass sich jedem einzelnen Mitwirkenden mitteilt. Beim Fußball spricht man auch von einem »blinden Verständnis« unter den Spielern, wenn das Spiel mit schnellen Pässen nur so »dahinfließt«. So etwas gibt es natürlich auch bei der Arbeit, wenn ein Team ein bestimmtes Ziel vor Augen hat und die Talente in der Gruppe sich ergänzen. Und vor allem in der Kunst – jeder Orchestermusiker wird das bestätigen, jeder Schauspieler und jeder Opernsänger. Dies kann eine Ahnung von dem erzeugen, was im Schwarm geschieht, aber eine Erklärung ist es nicht. Da ist noch anderes am Werk. Die blitzartige Gleichzeitigkeit in der Reaktion Tausender von Vögeln bleibt ein fantastisches Rätsel.

Kommt der Schwarm einem nahe, spürt man, welch ungeheure Dynamik in ihm steckt. Wenn die Masse der Vögel direkt über einen hinwegfliegt, entsteht ein Geräusch, als werde ein schweres Tuch schnell durch die Luft gezogen, es ist ein gewaltiger, deutlich hörbarer Luftzug, und man duckt sich unwillkürlich. Da rauscht eine Einheit aus Tausenden von Individuen über einen hinweg wie ein Sturm – mit unfassbarer Geschwindigkeit und Entschlossenheit.

Wenn die Schwärme aus der Ferne wie Rauch wirken, der langsam, fast träumerisch, in immer neuer Gestalt wie eine ständig sich wandelnde Wolke dahintreibt, so hat das Beobachten der großen Schwärme an der Nordsee überhaupt etwas Träumerisches, etwas Traumwandlerisches, weil die Vogelwolken wie riesige Schleier über das Watt wehen – mal hierhin, mal dahin, anscheinend ohne Ziel und ohne erkennbaren Zweck.

Zum Erleben des Schwarms gehören natürlich die Stimmen, die Rufe der Vögel, die sich manchmal, etwa beim Auffliegen, in eine ungeheure Kakofonie steigern. In gewaltiger Aufregung erheben sich Hunderte oder Tausende Vögel vom Boden, an der Nordsee oft vom Watt oder vom Strand. Das wirre Bild der vielen Flügel und die lauten Stimmen erwecken den Eindruck eines großen Alarms, aber meist ist gar nicht zu erkennen, warum sie plötzlich so erregt aufsteigen. Ich bin's jedenfalls nicht, denke ich, ich liege hier regungslos im Gras des Deiches und halte das Fernglas vor die Augen, bis die Arme schmerzen. Hat sich ein Fuchs auf die Insel verirrt, läuft ein Hund vorbei? Alles sehr unwahrscheinlich. Anscheinend lieben die Vögel die große Aufregung, die darin liegt, wenn alle auf einmal auffliegen. Nach kurzer Zeit lassen sie sich wieder nieder, und auch die Stimmen kommen zur Ruhe.

Warum kommen die Vögel überhaupt zu so großen Schwärmen zusammen? Von einem Schwarm Stare, der in der Schweiz beobachtet worden ist, heißt es, er habe aus zehn Millionen Vögeln bestanden. Mehr Stare also in einem Schwarm als Schweizer im Land. In Lukas Felzmanns Buch über den

Schwarm werden sogar noch größere Zahlen genannt. In Texas haben Beobachter angeblich Schwärme von Blackbirds gesehen, die geschätzt fünfzig Millionen Exemplare umfassten.[5] Das ist eine kaum zu glaubende Zahl, man denkt unwillkürlich an die Heuschreckenplage der Bibel, aber die zehn Millionen in der Schweiz sind ja auch genug. Und was Übertreibungen angeht – man traut da doch eher den Schweizern als den Texanern.

Einleuchtend ist, dass die Futtersuche im Schwarm einfacher und ungefährlicher ist, weil immer ein paar Vögel wachen, während die anderen auf dem Boden herumstöbern. Natürlich erhöht die Zahl der Augen, die nach Futter suchen, auch die Wahrscheinlichkeit, dass etwas gefunden wird. Und taucht ein Raubvogel auf, werden die anderen von den Wächtern sofort gewarnt. Erwiesen ist auch, dass die Vögel sich beim Auftauchen eines Räubers in der Luft enger zusammenschließen, weil es dadurch dem Angreifer schwerer wird, einen der Vögel abzusondern und zu greifen. Stößt ein Raubvogel in einen Schwarm hinein, kann es zu Kollisionen kommen, die auch ihn verletzen. Deshalb wird er immer versuchen, einen Vogel von den anderen abzusondern, um ihn dann zu erbeuten. Ähnliches gilt für Fischschwärme, und sogar bei Zebras und Gazellen in der afrikanischen Savanne haben Zoologen dieses Verhalten festgestellt. Auch dort geht es darum, dem Räuber möglichst wenig Möglichkeiten zu bieten, in die dicht zusammengeschlossene Gruppe einzubrechen.

Cord Riechelmann, ein Ornithologe aus Berlin, hat ausgerechnet am Alexanderplatz, mitten in der Großstadt, aus einem Hochhaus heraus solch einen Vorgang beobachtet. Er sah, wie ein Wanderfalke versuchte, in einen Schwarm von Staren einzubrechen. Die Stare hatten sich als Schwarm mit verschiedenen Flugübungen vergnügt – Riechelmann spricht auch von einem »tierischen Spiel« und sogar von der »Lust« an solchen

Flugbewegungen –, als der Wanderfalke, einer der schnellsten Flieger unter den Raubvögeln, heranschoss und versuchte, sich einen Star zu greifen. Sobald sie den Falken wahrnahmen, bildeten die Stare eine halbmondförmige Konstellation um den Angreifer herum und schlossen ihn in »einer unfassbar schnellen und flüssigen Bewegung in einer schwarzen Kugel ein«.[6] Es muss bei diesem Angriff Kollisionen gegeben haben, denn Riechelmann sah schwarze Federn herumfliegen, aber der Wanderfalke ging offenbar leer aus. Die Stare hatten ihn ausmanövriert. Dieser Wanderfalke mit seinem Weibchen (oder umgekehrt) nistet übrigens schon, wie Riechelmann schreibt, seit 1986 am Alexanderplatz, und er glaubt, dass es in anderen Städten ähnlich ist, dass also die Wanderfalken, wie aus New York bekannt, zunehmend in Städten mit Hochhäusern siedeln. Mich erinnert das an den Bericht des alten Vogelbeobachters Quedens auf Amrum, der einem Freund erzählte, die Silbermöwen nisteten neuerdings auf den Dächern von Wittdün, seit der Fuchs übers Watt auf die Insel gekommen sei und nun die herkömmlichen Gelege in den Dünen bedrohe.

Wenn die Nächte kalt werden oder im Vorfrühling noch kalt sind, schlafen Vögel in Gruppen, um sich warm zu halten. Sie kuscheln sich nachts zusammen und überleben durch ihre Körperwärme. Natürlich sind die, die außen am Rand bleiben, benachteiligt, und deshalb wechselt die Zusammenstellung der Gruppe immer wieder. Die, die außen stehen oder liegen, dürfen nach innen, und die, die sich innen mit Wärme aufgeladen haben, gehen nach außen. So hat jeder Vogel die Chance, die frostigen Nächte zu überleben. Auch das ist ein Grund für die Schwarmbildung.

Und natürlich bleiben die Zugvögel zusammen, wenn der Aufbruch nach Süden bevorsteht, weil es sich in der Gruppe leichter und sicherer fliegt. Lange bevor es wirklich losgeht, sammeln sie sich. Man sieht die lange Reihe der Stare auf den

Leitungsdrähten, man sieht die unruhigen Gänse in den Feldern, selbst große Gruppen von Weißstörchen habe ich schon in den feuchten Wiesen der Uckermark gesehen. Immer wieder erheben sie sich, fliegen ein paar Runden, um sich dann wieder niederzulassen. Es ist noch nicht so weit! Das beobachtet man auch bei den Kranichen – die gleiche Nähe, die gleiche Unruhe. Allerdings sind viele Kraniche in der Uckermark in den letzten Jahren dazu übergegangen, einfach hierzubleiben, den Winter auszuhalten und im Frühjahr die besten Nistplätze in Besitz zu nehmen. Der Instinkt, nach Süden zu ziehen, ist in den Vogelhirnen anscheinend nicht so stark und tief verankert, wie viele Ornithologen angenommen haben. Offenbar steht dem Individuum die Entscheidung frei: Breche ich mit den anderen auf, oder riskiere ich es, hierzubleiben? Immer mehr Kraniche bleiben hier. Wenn es dann aber einen strengen Winter gibt, sind die Zurückgebliebenen dem Tode geweiht.

Die Vorteile des Schwarms sind offensichtlich, aber deshalb ist noch nicht geklärt, warum es zu so riesigen Ansammlungen kommt, die doch auch wieder Nachteile mit sich bringen. Es ist ja klar, dass das vorhandene Futter sehr schnell aufgebraucht ist, wenn tausend Vögel darüber herfallen. Man sieht deshalb auch häufig, dass die Futtersuche in kleineren Gruppen unternommen wird und sich die Vögel erst abends im Oderbruch oder auf den Feldern der Uckermark wieder versammeln. Hier im Watt vor den nordfriesischen Inseln ist das Futterproblem allerdings sehr viel geringer, da das Watt für die Limikolen, die Watvögel, eine praktisch unerschöpfliche Nahrungsquelle darstellt. Wenn die Ebbe das Wasser von der Westküste Schleswig-Holsteins abzieht, bis zu dreißig Kilometer weit, ist der Tisch für die Vögel reichlich gedeckt. Hunderttausend Wattschnecken pro Quadratmeter, nur wenige Millimeter groß, sowie Algen, Muscheln, Sandwürmer – etwa zweitausend verschiedene Tierarten leben in Sand und Schlick, und die Limikolenschnäbel sind bestens darauf eingerichtet, sie herauszuziehen. Viele von ihnen besitzen die Fähigkeit, mit dem Schnabel zu fühlen, Nahrung zu ertasten – so etwa der Austernfischer. Hier fressen sie sich voll, um auf ihre langen Züge zu gehen oder um den harten Winter bei uns zu überstehen. Viele von ihnen könnten nicht überleben, wenn es dieses weite Watt nicht gäbe, und deshalb ist es gut, dass es nun seit vielen Jahren geschützt ist, hoffentlich für immer.

Und manchmal, wenn ich auf dem Deich sitze und einen in der Ferne wie Rauch dahintreibenden Vogelschwarm sehe, grau vor dem grauen Himmel über der grauen See, meditiere ich mit offenen Augen. Denn so ein Schwarm ist ja der Inbegriff natürlicher Harmonie, und nach Harmonie und innerer Ruhe sucht man, wenn man meditiert. Was könnte also besser sein, als dort auf dem Deich zu sitzen und dem Schwarm mit einem Lächeln zuzusehen. Was lässt du hinter dir, was siehst du vor dir?, lautet eine oft gestellte Frage im Zen-Buddhismus. Ich lasse alles hinter mir, ich sehe vor mir einen Schwarm in seinem Wolkenzauber.

VI
DIE STADT

Der Grunewald

Auf meinem Spaziergang im Berliner Grunewald sehe ich, wenn ich Glück habe, Szenen wie diese: Es ist Herbst, und der Schwarzspecht, dessen trillernden Flugruf ich ab und zu höre, den ich aber selten zu Gesicht bekomme, sitzt am Boden und hackt an einem schwarz gefaulten Baumstamm herum, der hier als Wegbegrenzung am Rande einer Böschung liegt. Als ich mit dem Hund um die Wegbiegung komme, fliegt er mit energischen, tiefen Flügelschlägen sofort auf. Ich denke zuerst: eine Krähe, aber dann sehe ich das tiefe Schwarz (in Berlin dominieren die grauen Nebelkrähen), den roten Streifen auf dem Kopf, und ich spüre die Entschlossenheit, die von ihm ausgeht. Der Weg ist wie ein braunes Nest, voller gefallener Blätter, gelbbraunes Ahornlaub, schwarzbraunes Eichenlaub, und der kräftige Flügelschlag des Schwarzspechts wirbelt sie auf, sie steigen mit ihm hoch. Der Luftzug seiner Flügelschläge ist deutlich hörbar, es ist wie ein Fauchen in der Luft. Einen kostbaren Augenblick lang umwirbeln ihn die Blätter wie in einem kleinen Sturm, einem von ihm selbst entfachten Aufwind, der große schwarze Vogel inmitten sich drehender trockener Blätter. Dann schießt er auf eine am Kanal stehende Eiche zu und schlägt geradezu auf dem rissigen Stamm auf.

Alles, was der Schwarzspecht tut, ist von beeindruckender Energie. Die Blätter sinken langsam zu Boden, und er sieht mich mit seitlich geneigtem Kopf an. Die schwarze Pupille ist von einem weißgelben Ring umgeben, was seinen Blick noch starrer wirken lässt. Ich bin ihm ganz nah und wage nicht, das Fernglas zu heben. Der kräftige Schnabel, mit dem er so gut zimmern kann, dass er im Volksmund früher auch als »Großer Zimmermann« bekannt war, ist lang, spitz und elfenbeinfarben, ganz leicht nach unten gebogen, und wird gegen die Spitze hin dunkler. Es ist ein Männchen mit dem langen karminroten Scheitel. Die Krallen und Beine heben sich mit ihrem hellen Grau deutlich gegen das satte Schwarz des Federkleids ab. Er stützt den Schwanz am Baumstamm ab und sieht mich zurückgelehnt an. Dann lässt er sich fallen, fängt sich mit den Schwingen auf und streicht mit kräftigen Schlägen davon. Es ist eine Begegnung, die ich vielleicht einmal im Monat habe, aber ich war ihm noch nie so nah, und am Erdboden habe ich ihn schon gar nicht gesehen. Das Bild mit den wirbelnden Blättern um die gefingerten Flügel, die so tief und kraftvoll ausholen, ist unvergesslich.

Der »Patch«, den ich begehe, wenn ich in Berlin bin, liegt im Grunewald. Es gibt da im Westen der Stadt eine kleine Seenkette, die durch Fließe miteinander verbunden ist. Ich parke den Wagen auf dem Parkplatz vor einem großen Restaurant und lasse Lolla, meinen Riesenschnauzer, raus. Dann gehe ich zur Straße, wo sie »Sitz« machen muss. Wenn kein Auto mehr in Sicht ist, darf sie über die Straße laufen, und dann ist sie in ihrem Element. Hier kann sie endlos herumschnüffeln und manchmal ein Wildschwein verfolgen, wenn es ihr zu nahe kommt. Der Wald in diesem Teil des Grunewalds ist ganz sich selbst überlassen. Wenn Bäume umstürzen – und nach den beiden großen Stürmen des Jahres '17 sind es eine ganze Menge –, bleiben sie wie in einem Urwald einfach liegen, es sei denn, sie versperren den Weg. Der Wald ist hügelig, und in den Niederungen ist der Boden sumpfig. An einer Stelle des Weges breitet sich nach links eine ganze Sumpflandschaft aus, mit kleinen Teichen, die meist erst im Hochsommer austrocknen. Hier liegen manchmal Wildschweine still und leblos wie graue Steine herum, und wenn man kein Fernglas bei sich hat, übersieht man sie. Der Hund allerdings wittert sie und steht steif und aufmerksam mit erhobenem Kopf da, aber viele der Wildschweine, vor allem die älteren Sauen, sind so abgebrüht, dass sie sich überhaupt nicht um die Hunde scheren. Nur wenn sie Junge haben, Frischlinge, verweisen sie die Hunde sehr bestimmt, aber nicht unbedingt feindselig des Feldes.

Lolla ist eine große, kräftige Hündin und fürchtet sich normalerweise nicht vor den Schweinen. Aber vor einiger Zeit begegneten wir einem massigen, schwarzen Keiler. Als ich um eine Biegung des Weges kam – ich war, wie so oft, stehen geblieben, um einen Vogel zu betrachten –, sah ich, dass die beiden schwarzen Tiere, mein Hund und der Keiler, der sicher das Dreifache wog, einander in einer Entfernung von etwa zehn Metern gegenüberstanden. Beide waren unsicher und wussten offensichtlich nicht so recht, was sie tun sollten. Lolla war es gewöhnt, dass Wildschweine vor ihr wegliefen, aber dieser schwarze Riese hatte keine Angst vor ihr. Er tänzelte sogar ein wenig hin und her, als wollte er sie reizen. Lolla war ratlos, und als sie sah, dass ich etwa fünfzehn Meter von ihr entfernt stehen geblieben war, ging sie langsam ein paar Schritte rückwärts, kam dann zu mir und stellte sich neben mich, als wollte sie sagen: Das schaffen wir nur zusammen. Der Keiler machte noch ein paar Tanzschritte, dann besann er sich eines Besseren, drehte sich um und verschwand in dem Dickicht hinter ihm.

In dieser Sumpflandschaft leben natürlich viele Vögel, vor

allem die Meisenarten. Sumpfmeisen, Weidenmeisen, Blaumeisen, Kohlmeisen, Schwanzmeisen, aber auch andere Singvögel wie Buchfinken, Bluthänflinge, Gimpel, Singdrosseln und Amseln. Eine Nachtigall habe ich hier noch nie gehört, was ein bisschen merkwürdig ist, da es in Berlin sehr viele Nachtigallen gibt. Einmal habe ich einem mir bekannten Ornithologen, dem schon erwähnten Cord Riechelmann von der Freien Universität, berichtet, dass ich sogar aus einem kleinen Gebüsch auf dem belebten und lauten Alexanderplatz eine Nachtigall gehört hatte. Er bestätigte das sofort, er kannte die Nachtigall, denn sein Institut hatte die Erlaubnis, das Gelege von Vögeln in einer für die Brut aussichtslosen Umgebung einzusammeln. Das war auch mit dem Gelege dieser wirklich tapferen Nachtigall geschehen, die dort keine Chance zum Aufziehen ihrer Kleinen gehabt hätte.

Hier scheint es also keine Nachtigallen zu geben, obwohl der Boden feucht ist und sich an den Waldrändern dichtes Gebüsch zusammendrängt, das der großen Sängerin eigentlich ideale Bedingungen bietet. Aber aus irgendeinem Grund meidet sie diesen Teil des Grunewalds und überlässt ihn den Meisen.

Der Hund und ich müssen dann noch einmal eine Straße überqueren und kommen auf der anderen Seite auf einen Weg, der an dem Fließ entlangführt, welches den Grunewaldsee mit der Krummen Lanke verbindet. An diesem Fließ ist mir der Reiher begegnet, der durch das wechselnde Licht flog und seine Farbe immer wieder änderte, von lichtgrau zu dunkelgrau bis schwärzlich – je nach Einstrahlung der Sonne. Ich sehe ihn bei meinen Spaziergängen öfter regungslos auf einem Ast sitzen, den Hals eingezogen, das Auge weit offen und achtsam, ohne Lidschlag. Hier habe ich auch einmal am hellen Tage zwei junge Waldohreulen gesehen, die zusammengedrückt und mit eingezogenen Köpfen hoch oben in einer Astgabel hockten. Isabellfarben, braun und rötlich mit langen Zotteln, saßen sie da und warteten offenbar auf die Rückkehr des Muttervogels. Mit riesigen Augen blickten sie furchtsam in die Gegend.

Wenn man das Fließ entlanggeht, kommt man an seinem Ende an das Ufer der Krummen Lanke, eines Sees, der leicht gekrümmt wie ein Menschenohr geformt ist und dieser Tatsache wohl seinen Namen verdankt. Der Name ist eigentlich ein Pleonasmus, denn Lanke allein bedeutet schon »gebogen, gekrümmt«, sodass der Beiname »krumm« überflüssig ist. Auf der Krummen Lanke gibt es eine Reihe von Entenarten, die man dort jederzeit sehen kann: Tafelenten, Mandarinenten, Reiherenten und natürlich Stockenten, dazu Höckerschwäne und Kormorane.

Vor ein paar Jahren zog ein Schwanenpaar zwei Junge auf einem Teich neben der Krummen Lanke auf und schwamm dann durch das Fließ in den großen See. Sie blieben dort bis zum Anbruch des Winters zusammen, dann flogen die Eltern mit einem der Jungen los – weiter nach Süden, wo die Seen nicht vereisten. Höckerschwäne sind Strichzieher, das heißt, sie haben keine feste Flugroute in den Süden. Sie fliegen sozusagen nach Bedarf. Wenn hier nicht mehr genug Nahrung zu bekommen ist, wenn Kälte und Eis drohen, brechen sie auf. Das zweite Junge aber kam aus irgendeinem Grund nicht in die Luft, und die Eltern waren gezwungen, es zurückzulassen. Es war herzzerbrechend, seine verzweifelten Anläufe mit anzusehen, die immer wieder im Wasser endeten. Er kam einfach nicht hoch, und er war natürlich nach jedem dieser gewaltigen, vom Schlagen der Schwingen und dem Platschen der breiten Füße auf dem Wasser begleiteten Anläufe völlig erschöpft und wohl auch niedergeschlagen. Solange der See noch offen war, konnte er sich ernähren, aber als im Dezember die Eisschicht immer größere Flächen bedeckte, begann es kritisch zu werden. Nachdem ich mehrere Ämter angerufen hatte, aber überall ins

Leere gelaufen war, fing ich an, Brot für ihn mitzubringen und aufs Eis zu werfen. Es wurde immer kälter, und als ich eines Morgens wieder an den See kam, sah ich schon aus der Entfernung einen Haufen Federn, Knochen und das vom Blut gefärbte Eis: Der junge Schwan war so schwach geworden, dass ein Fuchs ihn auf dem Eis überrascht hatte.

Etwas Ähnliches habe ich vor längerer Zeit im Herbst in der Uckermark erlebt. Auf einem der Ausflüge mit meiner damals etwa zehnjährigen Tochter, bei denen ich versuchte, ihr das Vogelbeobachten näherzubringen, stießen wir auf einen kleinen Teich, der von einer Kuhweide umgeben war, und scheuchten einen jungen Schwan auf. Er war noch grau und sehr scheu. Er flog ein Stück die hügelige Kuhweide hinauf und landete dann sehr unbeholfen, fiel hin und richtete sich mühsam wieder auf. Wir setzten uns hinter einen Busch, um zu sehen, was er nun tun würde. Nach langer Zeit – er musste sich erst besinnen – begann er, langsam zu seinem Teich zurückzuwatscheln, ließ sich ins Wasser gleiten und schwamm zur Mitte des Teiches. Immerhin wussten wir jetzt, dass er fliegen konnte. Wir gingen weiter, und ich erklärte meiner Tochter, dass er da nicht würde überleben können, weil der Teich zu klein war. Aber in der Nähe, etwa vierhundert Schritte entfernt, lag der große See, auf dem viele Schwäne herumschwammen, und ich hoffte, dieser junge Schwan würde sich bald entschließen, dorthin überzusiedeln. Da gäbe es an den langen schilfbestandenen Ufern Nahrung im Überfluss, da gäbe es andere Schwäne, die Mitte des Sees fröre auch in strengen Wintern nicht ganz zu, und er wäre in Sicherheit … Wenn er an dem schmalen, kleinen Teich bliebe, käme der Fuchs, wenn das Wasser gefror, über das Eis zu leicht an ihn heran.

Am nächsten Tag scheuchten wir ihn wieder auf, aber dieses Mal bewusst und in die Richtung, die er einschlagen musste, um zu dem großen See zu kommen. Er flog auch tatsächlich dorthin. Wir liefen hinter ihm her, und als wir am See eine Stelle fanden, wo kein Buschwerk und kein Schilf die Sicht behinderten, konnten wir ihn mit dem Fernglas entdecken. Ganz zufrieden, so schien es, schwamm er am gegenüberliegenden Ufer entlang. Er war gut zu erkennen, weil das Grau seines Gefieders an den Spitzen der Schwungfedern schon in Weiß überging. Grau mit weißen Spitzen. Wir hätten ihn unter allen anderen Schwänen erkannt. Glücklich gingen wir nach Hause.

Als wir eine Woche später aus Berlin in die Uckermark fuhren, fanden wir ihn wieder auf seinem kleinen Teich. Meine Tochter erklärte mir, er hoffe wohl, dass seine Eltern zurückkommen und ihn abholen würden, und da wolle er sie auf keinen Fall verpassen. Deshalb kehre er immer wieder zu dem kleinen Teich zurück. Vielleicht hatte sie recht. Es war kalt geworden, und der Teich begann zuzufrieren. Wir scheuchten ihn wieder auf, und wieder flog er zum großen See, wo wir ihn wenig später beobachten konnten. Das Ganze wiederholte sich am nächsten Tag noch einmal. Dann mussten wir zurück nach Berlin.

Nun vergingen vierzehn Tage, bis wir wieder aufs Land fahren konnten, und unser erster Ausflug galt natürlich dem kleinen Teich. Er war jetzt ganz zugefroren. Wir fanden den jungen Schwan nicht. »Jetzt hat er's begriffen«, sagte ich, und meine Tochter nickte. Zur Sicherheit gingen wir noch einmal um den Teich herum, jeder in eine Richtung. Ich hatte nur ein paar Schritte gemacht, als ich meine Tochter plötzlich laut aufschreien und dann bitter weinen hörte. Ich rannte zu ihr, und da lag er – oder das, was von ihm übrig war. Das Blut war noch frisch, der Fuchs musste ihn in der letzten Nacht erwischt haben.

Wenn ich das zweimal so nahe miterlebt habe, müssen sich unter den wilden Schwänen in jedem Herbst viele solcher Szenen abspielen. Die Schwaneneltern kreisen, vielleicht mit einem zweiten oder dritten Jungschwan, in der Luft und warten auf den Jungen, der nicht in die Luft kommt, so verzweifelt er es auch versucht. Sie warten und warten, aber irgendwann wird der Zwang davonzufliegen zu stark, und sie lassen das Junge zurück. Es kann nun nur noch durch ein Wunder überleben.

Anscheinend fühlen die Menschen sehr stark mit den Schwänen, als gäbe es da eine heimliche Verwandtschaft. Vielleicht sind es die Schönheit und die Kraft und die Furchtlosigkeit dieser großen Vögel, die den Menschen besonders berühren. In Märchen und Mythen und auch in Gedichten, etwa von Yeats oder Hölderlin, spielt der Schwan eine besondere Rolle. Ich kenne zwei Berichte, die um ähnliche Geschehnisse kreisen wie das, welches ich mit meiner Tochter erlebte.

Der erste stammt von einer Frau, einer Farmerin, die in einem nördlichen Staat der USA einen nach Norden fliegenden Keil von Singschwänen beobachtet. Sie sieht zu, wie ein Schwan, der am Ende eines der Flügel fliegt, plötzlich einen Laut von sich gibt, die vor ihm fliegenden Schwäne überholt, ganz um den Keil herumfliegt, als wollte er sich von allen verabschieden, und dann allein in entgegengesetzter Richtung, also nach Süden davonstreicht. Ein paar Tage später landet auf einem Teich in der Nähe der Farm ein einzelner Singschwan, und die Erzählerin weiß sofort, dass es der Schwan ist, den sie gesehen hat, ein Weibchen, das offenbar umgekehrt ist, um nach einem zurückgebliebenen Jungen zu suchen. Auch auf dem Teich, auf dem sie zwei Tage verweilt, hebt sie immer wieder den Kopf, um den Horizont abzusuchen, in der Hoffnung, dass der junge Schwan noch auftaucht. Nach zwei Tagen schließlich gibt sie auf, erhebt sich in die Luft und zieht nach Norden davon.[1]

In dem zweiten Bericht geht es um einen Singschwan, der in eine Überlandleitung geflogen ist und sich den Flügel gebrochen hat. Der »Naturalist« John Lister-Kaye schreibt: »Sein trauriges orientalisches Gesicht drehte sich auf dem eleganten Hals hin und her. Alles, was er wusste, war, dass er sich vor mir fürchtete und nicht wegfliegen konnte. Ich sah den leicht geöffneten gelb-schwarzen Schnabel an. Wolken von Angst trieben über sein feuchtes Auge, ließen mich aufstöhnen. Trauer überschwemmte mich. Ich wollte die Uhr zurückstellen und ihn wieder in Keilformation mit seinen sieben Begleitern fliegen sehen; ich sehnte mich danach, das rhythmische Flüstern seiner Schwingen und den wilden Trompetenlaut zu hören, der die Schönheit des Morgens beschwor.«[2]

Von der Krummen Lanke biegen wir gleich wieder ab, da an dem See in der Regel zu viele Menschen spazieren gehen. Es geht einen Hügel hinauf, und oben eine Weile einen Weg entlang, der parallel zum Uferweg verläuft. Im Winter hat man von hier einen schönen Blick auf das Wasser des Sees, im Sommer gibt es wegen des dichten Laubs der Bäume nur wenige Durchblicke. Unten am Ufer haben sich zwei Drosselrohrsänger angesiedelt, etwa fünfzig Meter voneinander getrennt, und im Frühling hört man ihre dissonanten, knarrenden Stimmen bis hier herauf. Den ersten ihrer Art hörte und sah ich vor etwa zehn Jahren am Schlachtensee, der sich in der Seenkette im Westen Berlins an die Krumme Lanke anschließt. Ich bin mir ziemlich sicher, dass die beiden Drosselrohrsänger, die jetzt mit bebender Kehle ihre lauten Lieder singen, Nachkommen dieses Vogels sind. Die Stimme des Drosselrohrsängers ist unverkennbar, rau und wild, und man kann sie leicht von den anderen Rohrsängern unterscheiden, die sehr viel melodischer singen, vor allem der Sumpfrohrsänger, den Naumann einmal die Nachtigall der Marschgegenden genannt hat. Der Drosselrohrsänger singt nicht nur lauter, er ist auch deutlich größer als Teichrohr-, Schilfrohr- und Sumpfrohrsänger. Den einen oder anderen von ihnen höre ich ab und zu auch an den beiden Seen in der Uckermark, wobei der Sumpfrohrsänger weniger ans Wasser gebunden ist als die anderen. Während die drei kleinen Rohrsänger meist aus der Deckung heraus singen, setzt sich der Drosselrohrsänger sehr prominent auf einen kräftigen Schilfhalm und kräht laut und unverkennbar sein dissonantes Lied über den See.

Nach einigen Kilometern geht es dann nach rechts ab und in den Grunewald hinein. Hier trifft man nun niemanden mehr, denn die meisten Jogger (inzwischen die Mehrheit) und Spaziergänger (die Minderheit) bleiben am Seeufer. Hier kann man des Öfteren (aber nicht jeden Tag) den stillen Waldbaumläufer sehen, der mit hellem Bauch und perfekt der Baumrinde angepasstem Rücken die Bäume hinaufruckelt, immer auf der Suche nach Insekten. Man sieht ihn auf einen Baum zufliegen, aber sobald er an dem Stamm landet, wird er unsichtbar, und man muss mit dem Glas suchen, um ihn wiederzufinden. Er kann im Gegensatz zum Kleiber, der hier häufig vorkommt, den Baum nur hinauflaufen, nicht hinunter. Wenn er also einen Baum ganz abgesucht hat und oben angekommen ist, fliegt er hinüber zu einem neuen Baum und beginnt seine Suche wieder von unten. Es gibt auch einen Gartenbaumläufer, den man in den Vorstädten von Berlin sehen kann und der sich nur in Kleinigkeiten von seiner im Wald lebenden Zwillingsart unterscheidet, durch einen kürzeren Schnabel etwa und das reinere Weiß an der Unterseite. Die Stimmen dieser »Zwillinge« kann man gut unterscheiden, aber die Bestimmung wird ironischerweise manchmal dadurch erschwert, dass sie einander in ihren Gesängen imitieren! Die Zwillingsarten sind für die Ornithologen natürlich sehr interessant, weil sich an ihnen der Einfluss verschiedener Lebensräume auf die Entwicklung des Vogels nachweisen lässt.

Wenn der Wind schweigt, herrscht im Wald tiefe Stille. Es sind hauptsächlich rötliche Kiefern, die hier wachsen, aber dazwischen auch ein paar Buchen und Birken und gelegentlich eine Eiche. Wie am Anfang unseres Weges gibt es auch hier viele vom Sturm entwurzelte Bäume, die kreuz und quer herumliegen, gut für den kleinen Zaunkönig, der im schattigen Unterholz häufig anzutreffen ist. Er braucht diese Verstecke im Durcheinander der gefallenen Äste, um dort sein Nest zu bauen und seine Kleinen aufzuziehen. Das ganze Jahr hindurch hört man sein schmetterndes Lied – so laut, dass man es mit dem kleinen Vogel kaum in Verbindung bringt. Auffallend sind die trillernden Phasen des Gesangs, die oft mit einem sehr scharfen Laut enden. Daneben gibt es einen angenehm tiefen Ruf, ein schnurrendes »tssrrr«. Wenn man Zaunkönige in verschiedenen Gebieten hört, stellt man bald fest, dass es große »Dialekt«-Unterschiede gibt.

Ich sah einen Zaunkönig in seinem geraden, schnellen Flug dicht über der Erde auf das Unterholz zuhalten, wo er verschwand. Als er nicht wiederauftauchte, ging ich weiter. Hier im Grunewald ist die Heimat der Spechte. Neben dem Schwarzspecht habe ich vor allem natürlich den Buntspecht gesehen, aber auch den Mittelspecht und, selten, den Kleinspecht. Der hängt manchmal wie eine Meise kopfunter an Zweigen, und seine Stimme hat eine Eigenart: Im Gegensatz zu vielen anderen Vögeln, deren Vortrag sich gegen Ende beschleunigt, wird der Kleinspecht immer langsamer.

Fast überall im Grunewald hört man das Klopfen der Spechte, mal leise, mal laut trommelnd. In den toten Bäumen findet man ihre präzisen kreisrunden Löcher, und im Frühjahr höre ich das unablässige Betteln der Jungen um Futter. Offenbar sind sie nicht besorgt, entdeckt zu werden. Und manchmal sehe ich auch die unordentlichen, meist ovalen Einschläge des großen Schwarzspechts, dem offenbar die handwerkliche Genauigkeit der kleineren Spechte fehlt.

Die Kiefern, die hier auf dem sandigen Brandenburger Boden wachsen, sind schlank und hoch, wahrscheinlich weil sie schnell wachsen müssen, um ihren Anteil am Licht dort oben zu bekommen. Sie sind meist mehr als zwanzig Meter hoch und haben einen zierlichen Stamm, kaum mal mehr als ein paar Handbreit. Erst auf den letzten drei, vier Metern unter dem Wipfel tragen sie Nadeln. Darunter ragen nur kahle Zweige in die Luft, und weiter unten fehlen auch die. Da ist der leicht geschuppte, rötliche Stamm ohne jeden Austrieb. Schon bei einer leichten Brise schwingen diese eleganten Bäume ein wenig hin und her, es ist, als wäre ein Segel an einem zu schwachen, aber sehr elastischen Mast angebracht. Das Schwanken geht durch den ganzen schlanken Stamm, und es ist nicht einfach auszumachen, wo sich die leichte Bewegung verliert. Bei stärkeren Winden geht das bis ins untere Viertel der Stämme. Bei wechselnden Winden verschieben sich die Abstände zwischen den vielen, ganz gerade gewachsenen Stämmen immer wieder, sodass sich vor dem grünen Hintergrund des Waldes stets neue Muster ergeben – auf ganz leise, unauffällige Art. Wenn man nicht stehen bleibt, um das zu beobachten, merkt man es gar nicht. Und wenn über den hohen Wipfeln ein Mäusebussard schwebt und sein wildes »hiääh« ausstößt oder ein Schwarzspecht plötzlich an einem der schlanken Stämme klebt, ist das Bild perfekt.

Hier im Kiefernwald hört man häufig den sogenannten »Schwirrvogel«, den Waldlaubsänger. So leicht sein sirrender Gesang zu vernehmen und zuzuordnen ist, so schwer ist es, ihn im Wald zu entdecken. Er ist etwas größer und langflügeliger als seine Verwandten, der Fitis und der Zilpzalp. Der Mantel ist olivgrün, die Unterseite weißlich, Brust und Kehle in einem klaren Gelb abgesetzt, das auch hier im Schatten des Waldes deutlich zu sehen ist. Die Beine zeigen ein zurückhaltendes Rosa. Und er hat einen gelblichen langen Streifen über dem Auge. Ein dunkler Zügelstreif läuft vom Schnabel bis zum

Auge und setzt sich hinter dem Auge als Augenstreif etwas breiter fort, um schließlich in einem bezeichnenden dunklen Haken zu enden. Der Schwanz ist kurz und gekerbt, was dazu beiträgt, dass der Waldlaubsänger im Ganzen einen etwas »breitschultrigen« Eindruck macht. Sein Gesang, der aus einer zwei bis drei Sekunden langen »Schwirrstrophe« besteht, die in einzelne, sich beschleunigende Teile zerfällt, ist nicht zu verkennen. Er ist hier geradezu der Laut des Waldes. Man hat das Gefühl, als finge der Waldlaubsänger geruhsam an, um dann gleichsam in Hektik zu verfallen. Während er die Schwirrstrophe von sich gibt, hebt er den Kopf und zittert am ganzen Körper. Danach beruhigt er sich wieder mit einem sanften, schwermütigen »düh-düh-düh«.

Am Ende meines Weges, in offenerem Gelände am Rand des Grunewalds, hatte ich noch das Glück, einen Baumpieper zu hören und schließlich auch zu sehen. Der Baumpieper ähnelt dem Wiesenpieper, den man in der Uckermark sehr oft hören und sehen kann – meist im Sinkflug, wenn er wie ein Fallschirm zur Erde sinkt und dieses Niedergehen mit seinem klagenden, abfallenden Lied begleitet, das er im Gegensatz zur Lerche manchmal auch noch fortsetzt, wenn er schon am Boden ist. Der Baumpieper macht das ähnlich, singt aber auch von einer Warte aus – in diesem Fall auf einem Ast sitzend.

Der Baumpieper ähnelt dem Wiesenpieper, ist aber in der Färbung ein wenig gelblicher. Die dunkel gestreifte Brust hebt sich von dem helleren Bauch ab, Kehle, Brust und Flanken sind isabellfarben, in einem wärmeren Farbton, und die Streifen an der Unterseite verlaufen breiter als beim Wiesenpieper. Man erkennt ihn am besten an dem scharfen, kurzen Flugruf: »psssit!« Kennzeichnend für seinen Gesang und auch schon aus größerer Entfernung hörbar ist das laute, oft vier Mal wiederholte »siäh« am Ende der Strophen, die deutlich kürzer, aber melodischer sind als die des Wiesenpiepers.

Hier im Grunewald hörte ich jedenfalls eine Zeit lang den Gesängen von Waldlaubsänger und Baumpieper zu, manchmal ergänzt vom plötzlichen Ausbruch eines Zaunkönigs und untermalt vom fernen Flöten einer Amsel, und machte mich dann wieder auf den Weg zurück zu meinem Ausgangspunkt, wo mich ein Rotkehlchen mit seinem scharfen, wie in Glas geritzten Gesang begrüßte.

VII

IN DEN BERGEN

Balderschwang

Als der englische Bergsteiger Edmund Hillary gefragt wurde, warum er das riskante Unternehmen, den Mount Everest zu besteigen, auf sich genommen habe, gab er die berühmte Antwort: »Weil er da ist.« Das war aber bereits die zweite Antwort, vorher hatte er auf dieselbe Frage mit den damals üblichen Floskeln reagiert: Er wolle zeigen, dass die »britische Rasse« noch Menschen hervorbringe, die zu solchen Taten fähig seien. Hillarys Sherpa, Tenzing Norgay, ein Nepalese tibetanischen Ursprungs, der ihn auf den Gipfel geführt hatte, war Buddhist, und ich habe den Verdacht, dass die zweite Antwort von ihm inspiriert wurde. Was Tenzing allerdings meinte, so scheint mir, war nicht die bloße Tatsache dieses Berges, sondern ein »Da sein« im höchsten Sinne. Nichts ist so eindrucksvoll »da« wie die Berge, ihre Existenz ist überwältigend. Ich bin kein Bergsteiger, aber ich kann mir, immer wenn ich in den Alpen bin, sehr gut vorstellen, welche Herausforderung von diesem »Da sein« der Berge ausgeht.

Anfang März fahre ich meistens in die Alpen, um Langlauf zu treiben. Da es um diese Zeit schon recht warm werden kann, muss man entweder hoch hinauf oder in ein »Schneeloch« wie

Balderschwang, wenn man noch gute Schneeverhältnisse antreffen will. Vögel gibt es hier nicht viele, aber doch einige sehr interessante. Und da ich eigentlich immer nach Vögeln Ausschau halte, tue ich das auch beim Langlauf, obwohl es etwas hinderlich ist, ein Fernglas dabeizuhaben.

Das Vogelbeobachten ist eher eine Lebensform als ein Hobby, man tut es eigentlich immer, man guckt stets nach Vögeln. Wenn man Auto fährt, kann das gefährlich werden – ich habe da schon einige schwierige Situationen erlebt. Es ist ja unwiderstehlich: Wenn vor einem in der Ferne am Himmel ein Trupp Vögel auftaucht, versucht man natürlich, sie zu bestimmen. Und wenn man auf einem Feld, das an einem vorüberzieht, Vögel stehen sieht, oder wenn sie neben oder vor einem vorbeischießen, möchte man wissen, »wer« das ist. Das lenkt von der Straße ab, und einige meiner Freunde haben mir schon prophezeit, dass ich auf diese Weise umkommen werde. Malcolm Tait, Herausgeber des *Birdwatcher's Companion*, hat in seiner Einleitung geschrieben, dass er sich als Junge nicht hat vorstellen können, jemals Auto zu fahren, weil er immer den Himmel nach Vögeln absuchte.[1] Dieses ständige Nach-Vögeln-Ausschauhalten führt dazu, dass man viele Wege ausprobiert, Vögel zu beobachten: zum Beispiel auf dem Pferd, bei Reiterferien an der Westküste von Irland oder beim Ausreiten in der Uckermark. Ich hatte da ein temperamentvolles Pferd, eine Mecklenburgerin mit Namen Franca – sie ist leider vor Jahren an einer Kolik gestorben. Beim Aufsteigen stand sie ruhig wie ein Standbild, das hatte sie gelernt, aber draußen in der Natur war es schwierig, weil sie nervös wurde, wenn ich einen Vogel beobachten wollte. Immer befürchtete sie, dass sich hinter den Büschen am Waldrand ein Ungeheuer verbarg, das nur darauf wartete, über sie herzufallen. Ich hatte ihr schon oft gesagt, dass sie hier weit und breit das größte und kräftigste Tier sei, aber das beruhigte sie nicht.

Immerhin haben wir einiges mit Vögeln erlebt, auch wenn man das nicht unbedingt als Vogelbeobachtung klassifizieren kann. Ich ritt zum Beispiel an einem Waldrand entlang, als eine Gruppe Kraniche, etwa acht bis zehn, heranschwebte und offenbar auf dem Feld zur Linken landen wollte. Sie waren schon dicht über dem Erdboden und ließen in Vorbereitung der Landung die langen Beine hängen. Aus irgendeinem Grund fand Franca das interessant und fiel in ihren mühelosen Galopp, um neben ihnen zu bleiben. So waren wir einige Sekunden auf gleicher Höhe, bis es dem Anführer der Kraniche nicht mehr geheuer war, er brach das Landemanöver ab und strebte mit kräftigen Flügelschlägen wieder voran und in die Höhe, die anderen ihm nach. Franca versuchte, ihnen zu folgen, aber die Kraniche waren bald über einem Knick verschwunden.

Auch schossen aus den Kronen der Buchen und Eichen des Waldrandes, wenn wir dort entlangritten, immer wieder Raubvögel hervor, die dann vor uns herflogen und manchmal den Kopf verdrehten, um uns anzusehen: Rotmilane, Mäusebussarde, Habichte, einmal sogar ein Seeadler. Ich kam ihnen auf die Art und Weise recht nahe, auch wenn ich das Fernglas natürlich nicht einsetzen konnte.

Als Student in Kiel hatte ich eine Jolle, einen Piraten, mit der ich in der Kieler Förde und Eckernförder Bucht segelte. Meist allein, und das machte das Vogelbeobachten sehr schwierig, außer bei Flaute. Gewöhnlich ging es erst, wenn ich abends das Boot an Land zog, um darin zu schlafen. Dann lief ich in der Dämmerung den Strand entlang und suchte die See nach Vögeln ab. Aber im Grunde verträgt sich das Segeln schlecht mit dem Vogelbeobachten – wenn man Wind in den Segeln hat, ist zu viel zu tun.

Sehr viel besser geht es mit dem Kanu. Auf ruhigen Seen und Flüssen kann man sich geräuschlos den Vögeln nähern. Ich habe schon früh in den USA und dann in Kanada gelernt, wie man auch als Einzelner mithilfe des sogenannten »J-stroke« das Kanu auf einer geraden Linie hält. Wenn man auf der rechten Seite paddelt, drückt man den Bug nach links, und wenn man nicht aufpasst, fährt man bald im Kreis. Um das zu verhindern, muss man nach jedem Schlag leicht nach außen drücken, um die Reaktion des leichten Bootes auf den seitlichen Antrieb zu korrigieren. Man beschreibt mit dem Paddel also ein liegendes, umgedrehtes J. Später bin ich dann mit dem Kanu auf den Seen der Uckermark oder in der kaum wahrnehmbaren Strömung der Peene auf Entdeckungsfahrten gegangen. Wenn man auf die Vögel in den Büschen am Ufer oder auf die Wasservögel auf der Oberfläche des Sees zufährt und zuletzt das Paddel ruhen lässt, gleitet man leicht und lautlos auf sie zu und kann sie gut beobachten. Das Kanu hat überdies kaum Tiefgang, sodass man auch über sehr flache Bänke hinweg und dicht an das Ufer heranfahren kann.

Beim Langlauf in den Bergen hatte ich mir angewöhnt, ein kleines leichtes Fernglas mitzunehmen, das in der Jacke nicht so herumruckelte wie das größere, das ich normalerweise bei mir habe.

Ich war schon einige Zeit unterwegs und fuhr an einem Bach entlang, dessen Tosen ich die ganze Zeit im Ohr hatte. Die Landschaft war atemberaubend in ihrer stillen, schneebedeckten Schönheit. Weit und breit war kein Mensch zu sehen. Ich nahm die Bretter ab, stieß sie und die Stöcke in den tiefen Schnee und ging an einer Stelle von der Loipe weg, wo eine kleine Brücke zu sehen war. Der Bach hatte sich hier in drei Betten geteilt, und wenn man die erste Brücke hinter sich hatte, tauchte gleich die zweite auf. Die erste war noch recht solide gebaut, aus Stahl, leicht gewölbt und mit einem festen Geländer auf beiden Seiten. Die zweite Brücke bestand aus zwei nebeneinandergelegten Brettern und einer leichten Reling aus Kabeln.

Und die dritte war nur noch ein über den Bach gelegter Baumstamm, dessen Oberfläche mit Axthieben aufgeraut war, damit man nicht ausrutschte. Es war, als ginge man mit ein paar Schritten aus dem Industriezeitalter in die Steinzeit.

Zwischen den Brücken lag tiefer Schnee, in dem man bis zum Oberschenkel versank. Ich ging über alle drei Brücken, und als ich zur ersten zurückkehrte, blieb ich an das Geländer gelehnt stehen, um mich ein wenig auszuruhen. In Japan gibt es ein Zen-Kloster namens Eihei-ji. Zu seinem Eingangstor führt eine Brücke, die »Hanshaku-kyō« genannt wird, die »Halbschöpfer-Brücke«. Dieser merkwürdige Name geht auf einen der Zen-Meister zurück, die in diesem Kloster gelebt und gelehrt haben. Er hieß Dōgen Zenji, und immer wenn er Wasser aus dem Bach schöpfte, schüttete er die Hälfte des Geschöpften in den Bach zurück und gebrauchte nur die andere Hälfte. Das erscheint zunächst widersinnig, aber wenn man darüber nachdenkt, enthüllt die Geschichte ihre Bedeutung: Dōgen Zenji wollte damit seine Achtung vor dem Wasser ausdrücken, seine Behutsamkeit im Umgang mit diesem kostbaren Gut. Darin liegt eine Achtung gegenüber der Natur, die uns in unserem ökologischen Zeitalter als Symbol sehr verständlich und nahe ist.

Ich stand noch da, eingehüllt in das Rauschen des Baches, als ich einen rauen, lauten Gesang hörte, der unverkennbar war, und kurz darauf flog ein dunkler Schatten in schnellem, geradem Flug unter der Brücke hindurch. Es war eine Wasseramsel.

Diesen eigenartigen Vogel – es gibt von seiner Spezies in Europa nur einen, von leicht abweichenden Subspezies abgesehen – hatte ich an verschiedenen Orten schon ab und zu beobachtet: in Irland, in Wales, in Bayern und jetzt hier in beträchtlicher Höhe in den Alpen. Er ist etwa so groß wie eine Singdrossel, aber rundlicher, seine Gestalt hat eine auffallende

Ähnlichkeit mit dem viel kleineren Zaunkönig. Dieselbe Rundlichkeit, derselbe kurze, hochstehende Schwanz. Die Wasseramsel lebt am Wasser und ist sehr ortstreu, was auch hieß, dass ich sie hier noch öfter zu Gesicht bekommen würde. Wenn der Bach ganz zufror, würde sie sich allerdings weiter hinunter ins Tal begeben, denn sie braucht fließendes Wasser. Das Erstaunliche und Einmalige an ihr ist: Sie sucht sich ihre Nahrung unter Wasser. Sie ist der einzige Singvogel, der taucht und schwimmt. Ihre Knochen sind für einen Vogel ungewöhnlich kräftig und schwer, aber trotzdem würde sie sofort an die Oberfläche getrieben werden, wenn sie nicht eine raffinierte Technik anwendete. Mit abgespreizten Flügeln geht sie gegen die starke Strömung der Gebirgsbäche an und lässt sich von dem Druck des fließenden Wassers am Grund halten, wo sie Insektenlarven, kleine Fische und Mollusken aufliest. Meist dreht sie unter Wasser Steine um, manche von beträchtlicher Größe, und schnappt sich, was sie darunter findet. Die eisige Kälte der Gebirgsbäche scheint ihr bei der Dichte ihres Federkleides nichts auszumachen.

Sie ist auf der Oberseite schokoladenbraun bis schwarz und hat eine weiße Brust, die bauchwärts mit einer rotbraunen Binde abschließt, und eine weiße Kehle. Sie ist also farblich gut zu erkennen und kaum zu verwechseln. Man nimmt sie meist zuerst im Flug wahr, denn wenn sie auf einem Felsen sitzt, ist das Schwarz-Weiß ihres Federkleides dem Schaum des Wassers, dem Schnee und den schwarzen Steinen so gut angepasst, dass sie schwer auszumachen ist. Hat man sie einmal gesehen und gehört, sind ihr rundliches Aussehen und ihr Gesang unverkennbar. Sie baut meist unter Brücken oder anderen von Menschen geschaffenen Bauten wie Wehren oder Schleusen ihr halbkugelförmiges Nest, immer direkt am Wasser.

Während ich darauf wartete, dass sie wiederkam, betrachtete ich die Flecken strömenden Wassers, die noch von Eis und

Schnee frei waren. Die Eisschicht und der darauf lastende, etwa ein Meter dicke Schnee lagen ein paar Handbreit über dem rasch dahinströmenden Wasser, von dem man sich gar nicht vorstellen konnte, dass es jemals gefrieren würde. Aber es musste vor einigen Wochen sehr kalt gewesen sein, sodass sich Eisschollen gebildet hatten. Als es wärmer wurde und das Wasser sich wieder belebte, führte der Bach weniger Wasser, und es gab nun diesen dunklen Abstand zwischen der Eis- und Schneeschicht und dem Wasser. Die schwarzen Steine, massiv und unbeweglich, ragten mit runden Köpfen aus dem Wasser heraus, und um sie bildeten sich Schaumkrawatten. Daneben gab es auch hellgelbe flache runde Felsen und einige weiße, die von schwarzen Adern durchzogen waren. Das schnell dahinfließende Wasser ließ die Steine noch klarer erscheinen, es wirkte wie eine Linse, durch die man noch die kleinsten Unebenheiten und Narben in den Steinflanken wahrnahm.

Neben dem Hauptbett gab es kleinere Strömungen, wo das klare, bis in kleinste Wellenbewegungen beunruhigte Wasser wie ein feines schillerndes Netz über die kleinen Kiesel hinwegglitt. Die Farben wandelten sich unter dem wechselnden, durch das Wasser gebrochenen Licht ständig. Rechts und links des Baches war der Wald tief eingeschneit, sicher mehr als drei Meter Schnee hatten sich da aufgehäuft – nichts regte sich, nur manchmal glitten Schneefahnen von den Ästen in den Schnee am Boden, und der seltene Ruf einer Kohlmeise betonte die unendliche Ruhe, die hier herrschte. Ein paar Gamsspuren, schon fast wieder zugeschneit, zogen sich undeutlich durch den Schnee.

Die Wasseramsel kam nicht zurück. Aber als ich schließlich weiterfuhr, immer dem Bach nach, hörte ich nach zwei Stunden wieder dieses unverkennbare kurze Lied und hielt sofort an, löste die Skier von den Stiefeln, stieß die Stöcke in den Schnee und suchte sie. Der Bach war hier viel breiter, große, zum Teil schneebedeckte Ablagerungen aus schwarzen Steinen teilten ihn in der Mitte. Sie saß einen Moment in atypischer Ruhe – sie bewegt sich eigentlich ständig – auf einem Stein und sah sich um. Dann flog sie übers Wasser zu einem anderen Stein, wartete auch da wieder einen Moment und tauchte schließlich ein. Das Eintauchen geht sehr schnell, es ist wie die schnelle Wendung einer Hand, dann ist sie verschwunden, taucht aber gleich wieder auf. Wieder diese blitzartige Bewegung und weg ist sie. Und taucht auch schon wieder auf. Manchmal bleibt sie länger unter Wasser, aber kaum einmal mehr als zehn Sekunden.

Die Wasseramsel hat noch eine ungewöhnliche Eigenschaft: Sie blinkt mit den hellen Augenlidern und der weißen Nickhaut. Das macht sie besonders oft, wenn sie aufgeregt ist. Beunruhigt sie irgendetwas, knickt sie in den Beinen ein und blinkt – je näher sie sich am Nest befindet, desto häufiger. Manchmal spreizt sie dabei auch die Flügel, sodass sie den Boden berühren, und stößt ihren Alarmschrei aus, ein durchdringendes »zritz«.

Das Wasser toste aus einer Biegung heraus und bildete an zwei Schwellen kleine, hell glänzende Wasserfälle. Auf der rechten Seite stieg das Ufer steil an, unten am Rand des Baches konnte man sehen, wie tief der Schnee war, der sich dort über den Felsen und zwischen den hoch und kerzengerade aufragenden Fichten zusammengeballt hatte. Die Stromschnellen waren hier, wo sich der Bach verengte, ziemlich stark, und kein Eis hatte sich über dem fließenden Wasser gebildet. Der Bach war laut, aber ich konnte das kratzige Lied der Wasseramsel durch das eintönige Rauschen hören. Sie hatte sich auf einem schneefreien Felsen niedergelassen, reckte sich in die Höhe und schmetterte drauflos. Dabei plusterte sie die weißen Federn der Kehle deutlich auf und bewegte den Kopf von einer Seite zur anderen, damit auch alle Konkurrenten sie hören konnten. Dann flog sie wieder zu dem kleinen schwarzen Stein zurück, von dem sie anscheinend gerne ins Wasser tauchte. Danach erschien sie wieder auf einem anderen Stein in der Nähe, schwarz glänzend vor Nässe, schüttelte sich das Wasser aus dem Gefieder, flog den Bach hinunter und verschwand hinter einer Biegung. Ich stieg wieder in die Skier und folgte ihr langsam. Als ich die Biegung fast erreicht hatte, kam sie mir entgegen – wie immer schnell und dicht über der Oberfläche fliegend. Ich stieg aus der Loipe heraus, weil sich hinter mir ein weiterer Langläufer näherte, und beobachtete sie weiter. Sie hatte wieder kurz ihr raues, gepresstes Lied angestimmt.

Bei dem großen deutschen Ornithologen Johann Friedrich Naumann, der im 19. Jahrhundert lebte, heißt es, sie sänge ein »schwätzendes« Lied, aber da bin ich ausnahmsweise nicht einverstanden. Ich finde es laut und schmetternd, ein wenig wie das des Zaunkönigs, wenn auch kratziger, kürzer und repetitiver. Bei den Wasseramseln singen beide, Männchen und Weibchen, sowohl auf der Erde, das heißt meist auf Felsen, als auch im Flug.

Ich fuhr weiter und bewunderte die winterliche Landschaft, die sich weit und ungestört von Häusern und Straßen rechts und links die Berge hinaufzog. Der aus der Ferne so klare und wie geordnet daliegende Schnee zwischen den scheckigen Stämmen der alten Grauerlen erinnerte mich an japanische Zen-Gärten, die ich auf Abbildungen gesehen hatte. In einem Kōan beauftragt der Meister einen Schüler, den Garten zu säubern. Als er es getan hat, befiehlt ihm der Meister, es noch einmal zu tun, und dann noch einmal, bis der Schüler ihm, ein wenig frustriert, sagt, da sei nichts mehr zu tun, der Garten sei nun wirklich bis ins Kleinste geordnet. »Und doch fehlt etwas«, sagte der Meister, ergriff einen Ast und schüttelte ihn, sodass ein paar Blätter in den Garten fielen. »Jetzt ist der Garten vollendet«, sagte er.

Aber hier in den winterlichen Bergen gab es keine Blätter, die man hätte herunterschütteln können. Es dämmerte schon, und ich fuhr zurück zur Station, nahm die Skier ab und ging die Straße hinauf zu meinem Hotel, immer die unermüdliche Wasseramsel vor Augen.

In den Bergen gibt es noch mehr zu bewundern, zum Beispiel die akrobatischen Flugkünste der Alpendohle. Und den weit oben am Himmel kreisenden Steinadler, der sich mit regungslosen Schwingen vom Aufwind tragen lässt. Aus dieser Distanz ist er vom Seeadler, den ich in der Uckermark so häufig sehe, nicht zu unterscheiden.

Vor einigen Jahren beobachtete ich in anderen, aber ebenso hohen Bergen in Deutschland auf einem schneebedeckten Gipfel einen kleinen Schwarm Alpendohlen, die anscheinend versuchten, sich mit ihren Flugkünsten gegenseitig zu beeindrucken. Einer der Vögel flog für einige Augenblicke tatsächlich einen Looping – das heißt, er drehte sich während des Flugs und flog ein paar Meter auf dem Rücken. Ich konnte es kaum glauben und hätte meiner Beobachtung wohl auch nicht getraut, wenn es nicht kurz darauf eine der anderen Alpendohlen, die das gesehen haben musste, nachgemacht hätte. Es war, wie wenn wir uns beim Schwimmen auf den Rücken legen und in den Himmel gucken. Beim Gaukler in Afrika hatte ich das Kunststück auch mal gesehen.

Auch das ein Beitrag zu der alten Streitfrage, ob es in der Natur nicht doch einen spielerischen Zug gibt – und das nicht nur bei den jüngeren Tieren, sondern auch bei den Alten, besonders vielleicht bei den Vögeln, die das Fliegen ganz offensichtlich genießen und offenbar gerne Vorstellungen ihrer Flugkünste geben. Anthropomorphismus nennt man es, wenn man den Tieren menschliche Gefühle zuschreibt, und eine lange Zeit in der Geschichte der Zoologie und der Ornithologie war man sehr zurückhaltend in dieser Hinsicht. Aber das Pendel scheint in letzter Zeit zurückzuschwingen. Auch in der Wissenschaft gibt es Moden und Stimmungen. Studien, die auf die Intelligenz und das Gefühlsleben der Tiere eingehen, scheinen jetzt eher die Parallelen zu menschlichem Verhalten betonen. In Jennifer Ackermans Buch *Die Genies der Lüfte* gibt es faszinierende Fallbeispiele, welche die außerordentliche Intelligenz der Vögel nachweisen. Da geht es um Werkzeuggebrauch, um das erstaunliche Gedächtnis, aber auch um das Sprachvermögen mancher Vögel. Der inzwischen legendäre Graupapagei Alex von Irene Pepperberg war anscheinend in der Lage, fast alles nachzusprechen, was er gehört hatte, und nicht nur das – er schien es auch wirklich zu verstehen.[2]

Auch zum Spielerischen in der Natur gibt es in diesem Buch ein paar Beiträge. Zum Beispiel das Verhalten zweier Raben, die einen Schneehang hinunterrutschten, einer von ihnen auf dem Rücken mit den Beinen in der Luft.[3] Und es existiert ein Video aus Russland, auf dem zu sehen ist, wie eine Krähe, auf einem Marmeladenglasdeckel wie auf einem Schlitten hockend, ein schneebedecktes Dach herunterrutscht.[4] »Der Vogel als Künstler« lautet die Überschrift eines Kapitels. Darin geht es um die Frage, ob Vögel einen ästhetischen Sinn besitzen. Die Autorin hat dabei vor allem die Laubenvögel Australiens im Auge, aber sie bewundert auch das Nest unserer Schwanzmeise als ein Kunstwerk. Die Loopings der Alpendohlen hätte Jennifer Ackerman mir sofort geglaubt.

Ausgerechnet an der Talstation, wo so viele Menschen herumlaufen und Autos fahren, sah ich auf einer Steininsel im Bach zu meiner Überraschung einen Gänsesäger mit Weibchen. Beide um diese Zeit – Anfang März – natürlich im Prachtkleid. Sie saßen so ruhig und strahlend da, als wäre der ganze breite Bach mit seinen Stromschnellen, den Schaumbinden um die schweren dunklen Steine und der Schnee an den Ufern nur als Rahmen für dieses prächtige Bild entworfen.

Aber was machten sie hier um diese Zeit, und in solcher Höhe? Und wie wollten sie sich hier ernähren? Tauchen kam in dem flachen und schnell fließenden Gewässer nicht infrage, es sei denn, man war eine Wasseramsel. Ich kannte die Gänsesäger ja von den Seen der Uckermark und von der Ostsee her, aber in so einem Bach hatte ich sie nicht erwartet. Auf der Verbreitungskarte ist zu sehen, dass sie in einem riesigen Gebiet rund um den Nordpol vorkommen, von Nordamerika über Sibirien bis nach Skandinavien und Island. Und es gab ein paar winzige Punkte an der Nordseite der Alpen, wo sie zu finden sind und offenbar auch brüten. So ungewöhnlich war ihr Aufenthalt hier also doch nicht. Am nächsten Tag waren sie nicht mehr da.

Ich fuhr dieses Mal in die andere Richtung, die westliche, den Bach entlang. Wieder ging es durch eine prächtige Schneelandschaft. Unter den hohen Fichten, die hier standen, hatten sich tiefe Mulden gebildet, da das Nadellaub den Schnee abhielt, der sich um sie herum zu drei, vier Metern Höhe auftürmte. Die so entstandenen moos- und grasbewachsenen Inseln zeigten alle Farbnuancen zwischen Grau und Grün und wirkten in dem alles beherrschenden Weiß des Schnees wie sommerliche Oasen. Man war immer versucht, da hineinzugehen und sich umzusehen. Kleinere und große Felsen lagen hier herum. Sie waren stark bemoost, und wenn man sie näher ansah, stellte man fest, dass sie fast nur aus Einschlüssen bestanden, aus kleinen bis zu eigroßen abgeschliffenen Steinen. Zusammengehalten wurden diese offenbar von einer grauen Felsmasse. In den Spalten dazwischen hatte sich das Moos wie dunkelgrüne, weiche Adern angesiedelt.

Später im Hotel traf ich einen ganz in Lodengrün gekleideten Mann, der doch tatsächlich einen langen Rauschebart trug und hier in der Gegend Naturführungen veranstaltete. Zuerst antwortete er auf meine Frage in einem Dialektschwall, von dem ich kein Wort verstand. Dann versuchte er sich in Hochdeutsch und erklärte mir, dass vor Millionen von Jahren der größte Fluss nördlich der Alpen hier durchgeströmt und in ein vorgeschichtliches Meer gemündet sei, das nun längst verschwunden war. Am kalkreichen Grund dieses Meeres habe der Strom die Steine aus den noch jungen Alpen abgeladen, und als das Meer austrocknete, sei der Grund versteinert und habe die Steine an sich gebunden. Es sind also in Kalk eingeschlossene Felsenstücke, die so wirken, als könne man sie leicht herausbrechen. Das geht aber natürlich nicht. Man sieht diese merkwürdig rauen und unregelmäßigen Gebilde hier überall. Sie wirken ein wenig wie Überreste eines alten, primitiven Gemäuers.

Ich fragte den Mann mit dem Bart, ob es hier nicht auch die vom Aussterben bedrohten Raufußhühner zu sehen gebe: Auer- und Birkhuhn. Er wies auf die Gipfel im Osten und sagte, dort hielten sie sich auf. Aber als ich fragte, ob er mich nicht mal dort hinführen könne, antwortete der gute Mann, er wolle sie nicht stören. Damit war ich ganz und gar einverstanden. Bei einem Glas Wein unterhielten wir uns weiter, und er kam auf ein Thema, das ihn aufbrachte. Er verfiel wieder in seinen Dialekt, und ich musste ihn daran erinnern, dass ich den nicht verstand. Die Raufußhühner hatten ihn darauf gebracht, dass auch das kleine Juwel Balderschwang bedroht war. Denn anscheinend war gerade dort im Naturschutzgebiet, wo die Raufußhühner lebten, eine sogenannte »Schaukel« geplant – eine Verbindung mit einem anderen Skigebiet, um mehr Gäste nach Balderschwang zu bringen. »Im Naturschutzgebiet«, wiederholte er immer wieder fassungslos.

Ich erzählte ihm von der Wasseramsel und auch von den spielerischen Flügen der Alpendohlen, und der Rauschebart bestätigte meine Beobachtungen. Mit anderen Vogelbeobachtern zu reden ist immer gut und meist auch sehr unterhaltend.

In England und Amerika ist das ganz selbstverständlich, und man verständigt sich dort auch über das Internet, wenn man einen ungewöhnlichen Vogel gesehen hat. Was natürlich zur Folge hat, dass viele Vogelbeobachter sofort aufbrechen, um an diesem Schauspiel teilzuhaben, sodass dann manchmal eine ganze Menge Leute mit Ferngläsern um einen kleinen Vogel herumstehen, der von einem Sturm aus Nordamerika nach Sussex verweht wurde. Die Deutschen sind da nach meiner Erfahrung verschlossener, und überdies ist die Leidenschaft des Vogelbeobachtens sowieso meist Einzelgängern vorbehalten, die ihre Entdeckungen nicht so gerne teilen. Durchbricht man aber diesen Hang zur Abkapselung und kommt ins Reden, dann kann man von Einheimischen viele sehr interessante und hilfreiche Dinge erfahren und erspart sich manchen Umweg. Und wenn man Glück hat, entwickelt sich eine lebenslange Freundschaft.

Das witzigste Gespräch dieser Art hatte ich mit einem schwarzen Guide in Südafrika, im Krüger-Park. Ich hatte mich immer gewundert, dass die afrikanischen Störche, etwa der spektakulär schöne Saddlebilled Stork, ganz ruhig im Fluss neben Krokodilen standen. Sie fühlten sich offenbar nicht bedroht. Als ich den Guide danach fragte, sagte er mit einem Grinsen: »Ich habe gehört, dass Krokodile keine Federn mögen.«

Bei meiner nächsten Skiwanderung machte ich an einer Biegung des hier breit und schnell dahinschießenden Baches halt. Gewaltige nackte Felsen ragten im Bachbett empor, Bäume waren umgestürzt und lagen kreuz und quer über kleinen Steininseln oder im Wasser. Über Steinbänken hatten sich Schneehauben gebildet, lang und dick wie weiße Wale lagen sie da. Der Bach, der sich hier durch eine mit vielen Steinen besetzte Biegung drängte, war voller Schaum. An dieser wilden, ganz ursprünglich wirkenden Stelle sah ich zwei Schafstelzen, die auf den Felsen herumkiksten, und noch einmal zwei Wasseramseln, ohne Zweifel ein Paar.

Die eine stürzte sich immer mal wieder in das schäumende Wasser und tauchte sofort wieder auf. Dabei hatte sie die braunen Flügel abgespreizt, lag manchmal so auf der schimmernden Oberfläche, die Schwingen wie Fächer im strömenden Wasser, und ließ sich ein Stück stromabwärts treiben. Dann tauchte sie kurz ein, wobei sie die Flügel offensichtlich dazu benutzte, sich möglichst lange unter Wasser zu halten. Man könnte sagen, sie »flog« im Wasser. Das gelang aber immer nur ganz kurz, die Strömung war wohl zu mächtig, und so tauchte sie schnell wieder auf. Sie flog eine kurze Strecke zu einem schwarzen Stein mit weißer Maserung, ruhte sich einen Moment aus und begann dann aufs Neue, Nahrung unter Wasser zu suchen. Man musste die ungeheure Energie bewundern, mit der sie sich immer wieder der Naturgewalt des Baches aussetzte und sich unermüdlich in die Strömung warf. Welche Vitalität und welche Kraft steckten in diesem kleinen runden Vogelkörper.

Die zweite Wasseramsel kam in schurgeradem schwirrenden, schnellen und flachen Flug von stromabwärts herauf und steuerte sofort auf eine Stelle des steilen Ufers zu, wo sich viel Treibholz verkeilt hatte. Abgeschälte Stämme und Äste von Erlen leuchteten rötlich aus dem Gewirr hervor, langes gelbgrünes Gras hing von der Uferböschung herab. Es ist möglich, dass das Pärchen dort sein Nest gebaut hatte, aber in dem gewaltigen Durcheinander des Bachufers konnte ich nichts davon erkennen. Zu beiden Seiten lag der Schnee wie in riesigen Kissen weich und meterhoch. Die Felsen im Wasser hingegen waren von den Stromschnellen ganz freigespült, schwarz und braun glänzend lagen sie im glatten Strom des freien Wassers, das in Grün- und Grautönen zwischen den Schaumteppichen dahinrauschte. Die kleineren Wellen, die seitlich in Bögen auf das

Ufer zuliefen, hatten in der Sonne einen schmalen schimmernden Rand. Es fiel mir alles andere als leicht, mich von diesem Anblick zu trennen, ein Bild von wilder Schönheit. Es begann wieder zu schneien, und die Flocken kamen schwer und dicht durch die windstille Luft herunter, untermalt vom Rauschen des Baches.

Gensha war einer der Weisen des Zen, und einmal kam ein Mönch zu ihm und stellte ihm die Frage, ob er wisse, wo der Eingang zum Pfade der Wahrheit sei. Gensha fragte: »Hörst du das Murmeln des Baches?«– »Ja, ich höre«, antwortete der Mönch. »Dort ist der Eingang«, belehrte ihn der Meister.

VIII
MUSIK

Gesänge und Rufe

Man sagt, die Singvögel hätten sich vor dreißig Millionen Jahren in Australien entwickelt und sich von dort aus über Asien in der ganzen Welt verbreitet. Wenn dem so ist, verdankt der Mensch Australien die ganze Pracht der Vogelkonzerte, die Lieder der Lerchen, Nachtigallen und Amseln und vieler anderer Vögel, die Dichter und Komponisten inspiriert haben. Nicht allzu viel in der Natur lässt sich mit der Schönheit der Vogellieder vergleichen.

In einem früheren Buch über die Passion des Vogelbeobachtens habe ich geschrieben, dass es ein großes Glück ist, frühmorgens in den Wald oder in einen Park oder in Gärten zu gehen und sich die Gesänge der Vögel in der noch von der Nacht feuchten, weit tragenden Luft anzuhören. Man kann sich darauf beschränken, einfach nur festzustellen, wer von den Vögeln gerade »da« ist, ohne sich die Mühe zu machen, sie auch noch sehen zu wollen. Wenn die Bäume und Büsche schon grün sind, findet man sie im dichten Laub meist sowieso nicht. Ich schlendere einfach mit den Händen in den Taschen durch dieses Konzert, manchmal lächelnd, wenn ein Ton missrät, manchmal leise den Kopf schüttelnd über so viel Wohlklang.

Selbst wenn ich meinen Berliner »Patch« am frühen Morgen abgehe, kann ich ein unaufhörliches Konzert genießen, obwohl der Grunewald nun wirklich zivilisationsnah und von einer Autobahn, dem Berliner Ring, teils umgeben, teils durchzogen ist. Das Hintergrundrauschen der Autos ist immer da. Wenn man sich die Mühe oder die Freude macht, während des etwa zweistündigen Spaziergangs nur auf die Vogelstimmen zu achten, stellt man tatsächlich fest, dass es um diese Tageszeit keine Pause gibt. Man hört immer einen Vogel singen, und meist ein vielstimmiges Konzert. Vollkommene Stille gibt es in der Regel nicht, dazu sind zu viele Sänger im Grunewald, die sich unbedingt Gehör verschaffen müssen.

Vorherrschend ist der Buchfink. Bis man tiefer in den Wald hineinkommt, wo dann der Waldlaubsänger die häufigste Stimme ist. Dazu kommen natürlich die Amsel und die Singdrossel. Man hört das schmetternde Lied des Zaunkönigs, die scharfe, dünne Stimme des Rotkehlchens, die Kohlmeise in ihrer Vielfalt, die Blaumeise und die Sumpfmeise und manchmal eine metallische, helle Stimme, die man erst spät als von einer Nebelkrähe stammend identifiziert. Hat man Glück, hört man den trillernden Flugruf des Schwarzspechts oder das gellende Lachen des Grünspechts, manchmal auch das wilde »hiiiöö« des Mäusebussards über den Wipfeln der Kiefern, das der Eichelhäher so perfekt nachahmen kann.

Wenn ich mich auf meinem Weg wieder dem See, der Krummen Lanke, nähere, höre ich Kleiber und vor allem die knarrende, aufgeregte Stimme des Drosselrohrsängers, der unten am Seeufer im Schilf wohnt. Einen zweiten hört man ein Stück weiter an einem kleineren, der Krummen Lanke vorgelagerten Teich, der fast vom Schilf überwuchert ist. Und dort ruft heute vom anderen Ufer herüber, also ziemlich nah und laut, der Kuckuck.

 Diese Übung – einfach nur zuhören, zuordnen und genießen – ist eine Form der Meditation, denn man konzentriert sich auf das, was man hört, auf die Gesänge der Vögel, und bleibt ganz im Jetzt. Dadurch bekommt der Spaziergang eine Frische und Gegenwärtigkeit, die nicht nur auf den jungen Morgen zurückzuführen ist. Man verliert sich nicht in Gedanken, lebt ganz und gar im Augenblick und hört zu, was die Künstler der Vogelwelt einem in diesem Moment bieten. Das erfüllt einen, und man kommt erfrischt nach Hause zurück.

Die Vögel singen in der Mehrzahl morgens mit größerer Freude und Vitalität, und durch die noch von der Nacht feuchte Luft hört man sie besser. Es ist auch auf diesem Gebiet zunächst einmal viel einfacher, sich dem Vergnügen hinzugeben und die Musik zu genießen. Ist das denn Musik? Wahrscheinlich kann man, was die »begabteren« Sänger unter den Vögeln, also etwa die Nachtigall und die Drosseln, aber auch die Gartengrasmücke und die Mönchsgrasmücke, die Lerchen und die kleine Heckenbraunelle mit ihrer feinen Stimme machen, durchaus Musik nennen.

Wie lernt man es am besten, diese zum Teil ähnlichen Stimmen zuzuordnen? Ich habe das zunächst einfach über die Erfahrung gemacht – auch weil es in meiner Kindheit und Jugend noch gar keine Hilfsmittel gab. Und wenn es sie gegeben hätte, wären sie mir nicht bekannt und für mich auch nicht erschwinglich gewesen. Ich musste also auf die Stimmen achten, dann mit dem Glas den Vogel suchen und finden – was oft schwierig und manchmal unmöglich ist – und mir dann Stimme und Vogel einprägen. Als ich zum Beispiel lernen wollte, die kleinen Rohrsänger sicher voneinander zu unterscheiden – Sumpfrohrsänger, Teichrohrsänger und Schilfrohrsänger –, habe ich mich an mehreren Tagen an den Alten Eiderkanal in der Nähe von Kiel gesetzt und einfach zugehört. Sie waren natürlich nie alle zusammen dort, und den Sumpfrohrsänger hörte ich an einem Waldrand in der Nähe, weit vom Wasser entfernt. Der große Drosselrohrsänger mit seiner durchdringenden Knarrstimme ist ohnedies unverkennbar.

Später stützte ich mich auf einen sogenannten »Vogelstimmentrainer«. Das ist eine CD, die ich immer im Auto habe und mit deren Hilfe ich in jedem Frühjahr mein Gedächtnis auffrische. Die, die ich benutze, ist sehr nüchtern. Der Name des Vogels wird genannt, dann heißt es: »Gesang«, und schon legt der jeweilige Vogel los. Nicht mal eine halbe Minute. Danach kommen noch die »Rufe«, auch sehr kurz, und dann ist schon der nächste Vogel dran. Es sind etwa hundert verschiedene Vogelarten, die auf der CD wiedergegeben sind – natürlich nur die häufigsten, die wir hier in Mitteleuropa bei uns haben. Dieser Trainer ist sehr effektiv, wie ich finde. Wenn man die CD einige Male angehört hat, prägen sich die Stimmen wie von selbst ein, und man beginnt, sie auch in der freien Natur zu unterscheiden. Natürlich ist es dort schwieriger, denn selten hört man die Stimme ganz allein und unter idealen Bedingungen. Und auch die Vogelstimme der Aufnahme ist natürlich nur eine von vielen und kann irreführend sein. Fast jeder Vogel hat einen Schuss Individualität und klingt ein wenig anders als die anderen seiner Art. Und es gibt die Dialektunterschiede in verschiedenen Teilen Deutschlands.

Man sollte auch hier nicht zu ehrgeizig sein, sondern langsam und gelassen vorgehen und sich auch immer wieder eingestehen, nicht ganz sicher zu sein. Aber ohne Zweifel macht es Spaß, die Stimmen zu erkennen, für sich, wenn man allein ist, und besonders, wenn noch ein anderer Birdwatcher dabei ist, mit dem man sich darüber streiten kann.

Ein Fehler ist es – ich werde nicht müde, es zu betonen –, den anderen und sich selbst beeindrucken zu wollen, indem man Sicherheit vorspiegelt, wo man im Grunde Zweifel hat. Es ist immer besser und entspricht der »Ethik« des Vogelbeobachtens mehr, diese Ungewissheiten, die jeder hat, einzugestehen. Denn es ist verwirrend. Ich erinnere mich, dass ich einmal bei einem Abendspaziergang auf Sylt verblüfft stehen blieb, weil von einem der Reetdächer herab ein Vogel sang, den ich auf das erste Hinhören nicht identifizieren konnte. Das Fernglas bewies mir, dass es einer der geläufigsten Vögel war, ein Buchfink. Aber wie sang denn der? Das am Ende des kurzen Lieds stehende sogenannte »Würzgebier«, mit seiner fallenden Tendenz war gerade noch auszumachen, aber davor? Es begann mit einem lange dahinrollenden »errrrrr«, das ich in Berlin noch nie gehört hatte. Ich weiß nicht, ob dieser Buchfink aus Skandinavien herunter- oder aus dem Westen Russlands herübergekommen war, aber ich war mir sicher, dass er sein Lied nicht hier bei uns gelernt hatte. Auch wenn ich in Süddeutschland bin, fällt mir der leicht abweichende Dialekt der Buchfinken und der Zaunkönige immer wieder auf.

In Wäldern oder in Parks wird das Zuordnen auch dadurch erschwert, dass es wahre Vogelkonzerte gibt. Es singen so viele Vögel gleichzeitig, dass es zu einer Herausforderung wird, einzelne Stimmen zu isolieren und zu benennen. Vielleicht ist es dann das Beste, sich ganz dem Vergnügen daran zu überlassen – so wie man in der Philharmonie ja auch nicht ständig versucht, aus dem Musikkörper, der einen da so harmonisch einhüllt, die Klarinette oder die Oboe herauszuhören. Offenbar stört es die Vögel auch nicht, dass ihre Stimmen in dem großen Konzert zu ertrinken drohen, obwohl das dem Zweck ihres Gesangs zu widersprechen scheint.

Denn warum singen die Vögel überhaupt? Die Wissenschaft behauptet, sie tun es, um ihr Revier zu markieren und ein Weibchen anzulocken. Das ist sicher ein Teil der Wahrheit. Aber manche singen eben auch früh im Jahr, wenn die Weibchen noch gar nicht aus dem Süden zurück sind, und auch, wenn sie längst ein Weibchen haben und das Revier abgesteckt ist. Viele Vögel singen auch im Winterquartier, wo es nicht darum geht, ein Weibchen zu beeindrucken, wo allerdings auch territoriale Ansprüche ausgedrückt werden können. Wir sind hier wieder bei der Frage des Spielerischen in der Natur. Singen sie nicht auch, weil sie Freude daran haben? Veranstalten sie ihre Flugkapriolen nicht auch, weil es ihnen Spaß macht? Fliegt der Gaukler seine akrobatischen Kunststücke, fliegen die Alpendohlen ihre Loopings nicht aus Vergnügen? Wie auch immer, es ist einfach wunderbar, morgens durch einen Wald zu schlendern und sich dieses Konzert anzuhören.

Darwin meinte, die Gesänge seien die Sprache der Vögel. Und die Märchen und Mythen früherer Zeit sind voller sprechender Vögel, welche die Menschen warnen oder beraten oder ihnen helfen. Nachdem er in Drachenblut gebadet hat, versteht Siegfried aus der Nibelungensage plötzlich die Sprache der Vögel. Auch wenn wir diese Sprache nie werden entschlüsseln können – die Sehnsucht, die sich in den Märchen und Sagen ausdrückt, bezeugt die Nähe von Menschen und Vögeln, die Sympathie der Menschen für die gefiederten Geschöpfe.

Johann Friedrich Naumann hat einiges sehr Interessantes zur Frage der Musikalität der Vögel geschrieben. Die Naumanns saßen auf einem Gut in der Nähe von Köthen. Die Elbe war nicht weit von ihrem Land, und da sie damals noch nicht reguliert war, trat sie regelmäßig über die Ufer und setzte die umliegenden Auen unter Wasser. Das zog eine Unmenge von Vögeln an, und schon der Vater Naumanns, Johann Andreas, begann, ein Buch über die Vögel in seiner Gegend zu schreiben. Aus den Arbeiten des Vaters erwuchs gleichsam das große Werk Johann Friedrich Naumanns, *Die Naturgeschichte der Vögel Mitteleuropas*. Es blieb viele Jahrzehnte das Standardwerk der deutschen Ornithologie.

Über den Gesang des Gimpels, wegen seiner schwarzen Kappe auch Dompfaff genannt, schrieb Naumann: »Dieser Gesang besteht aus einer Menge kurz abgebrochener Töne, mit einigen länger gezogenen gemischt, die alle so gedämpft sind, dass man ihn nur in der Nähe deutlich vernimmt, und diese Töne klingen dabei so sonderbar knirrend und gezwungen, dass sie sich wohl mit denen vergleichen lassen, welche zuweilen die ungeschmierte Welle eines Karrenrades oder eine Türangel hervorbringt, sodass dieser heisere Gesang manchen zuwider ist, oder doch nur wenig Liebhaber findet.«[1]

Was der Dompfaff von sich gibt, ist tatsächlich kaum als Gesang zu bezeichnen, ihm fehlen die melodischen Reichtümer, die den Gesang von Amsel und Nachtigall so eindrucksvoll machen, aber der Gimpel hat anscheinend doch Musik im Blut. Denn wenn man ihn als Käfigvogel hält und ihm Lieder vorspielt oder vorpfeift, so berichtet Naumann, ahmt er diese aufs Genaueste und Schönste nach.

> Von allen Eigenschaften ist jedoch keine so ausgezeichnet, als die Fähigkeit, Lieder und andere kurze Melodien nachpfeifen zu lernen. Kein Vogel hat eine so sanfte, so höchst angenehme reine Flötenstimme als er, keine Drossel, Lerche oder anderer [sic] künstlich abgerichteter Sänger kommt ihm in der Reinheit, in der Sanftheit und zugleich in der Fülle und Rundung des Tones gleich; nur kommt hier freilich alles auf das Instrument und die Art an, wie ihm vorgepfiffen wurde; das bessere oder schlechtere Vortragen des zu Lernenden hat allerdings viel Einfluss auf die Schönheit des nachherigen, erlernten Gesanges.[2]

Was heißt denn das? Der Gimpel singt demnach besser, wenn man ihm ein Lied beibringt, als wenn er in der freien Natur seinen eigenen Gesang anstimmt? Der ist, wie gesagt, eher unbedarft, und der Gimpel kann sich keineswegs mit den Begabteren unter den Singvögeln messen. Natürlich handelt es sich bei dem, was Naumann hier schildert, um reine Nachahmung, um das »Spotten«, wie es im ornithologischen Jargon heißt. Aber wenn er die vorgespielten Töne so genau treffen kann, muss er doch ein hervorragendes musikalisches Gehör haben, und dazu die Fähigkeit, das Gehörte exakt in der richtigen Tonlage und im richtigen Rhythmus wiederzugeben.

Naumann geht diesem erstaunlichen Befund nicht weiter nach, aber da es uns hier um die Musikalität der Vögel geht, lohnt es sich doch, ein wenig darüber nachzudenken. Hätte man ein Kind vor sich, welches eine vorgesungene oder vorgespielte Melodie nach kurzer Zeit fehlerlos wiedergeben könnte, würde man zweifellos von einem Wunderkind sprechen. Vor allem wenn dieses Kind, singt es selbst aus Lebensfreude vor sich hin, nur etwas ziemlich Stümperhaftes zustande brächte. Es muss also im Gimpel und sicher auch in anderen Singvögeln eine tief angelegte Musikalität geben, die ihnen die perfekte Nachahmung einer Melodie, das genaue Treffen der Töne überhaupt erst möglich macht.

Verblüffend ist auch, dass der Gimpel gar nicht zu den bekannten »Spöttern« gehört. Viele Singvögel bauen in ihren Gesang Elemente ein, die sie bei anderen Vögeln gehört haben. Am berühmtesten in dieser Hinsicht ist die amerikanische Spottdrossel, der Mockingbird, und am bekanntesten bei uns ist der Gelbspötter, der wie der Mockingbird diese Begabung schon im Namen trägt. Ein Gelbspötter, dessen Gesang in Schweden aufgenommen wurde, schaffte es innerhalb von zwei Minuten, acht andere Spezies in seinem Gesang unterzubringen: darunter den Ruf der Küstenseeschwalbe, des Kiebitzes, Elemente aus dem Gesang der Misteldrossel, der Amsel und der Nachtigall. Kaum ein Vogel spottet so vielseitig wie der Gelbspötter, aber auch die Rohrsänger oder der Star und viele andere bauen Elemente artfremder Vogelgesänge in ihr Lied ein. Selbst Geräusche der Zivilisation wie das Klingeln von Straßenbahnen und neuerdings Handytöne hat man in Vogelgesängen schon festgestellt.

Der Gimpel verzichtet darauf und bleibt bei seinen bescheidenen Äußerungen, diesen schüchternen Andeutungen von Gesang. Nimmt man ihn aber früh aus dem Nest, sagt Naumann, und gibt ihm »Gesangsunterricht«, entwickelt er eine der schönsten und klarsten Stimmen überhaupt: »Gehörte der Lehrmeister eines solchen Vogels zur Klasse der Gebildeteren«, schreibt Naumann, »und war er vielleicht Musikkenner dazu, dann wird ein solcher oft unvergleichlich ausschlagen.«[3]

Beim Menschen gibt es, wie die Linguisten nachgewiesen haben, die Anlage, jede Sprache zu erlernen. Ein Kleinkind europäischer Eltern wird jede Sprache erlernen, in deren Sphäre es aufwächst, selbst nicht-indogermanische. Gibt es eine solche tiefe genetische Voraussetzung auch bei den Singvögeln? Trägt der Gimpel dieses Talent in sich, ohne es je gezeigt zu haben, bis er nach Tausenden von Jahren auf den Menschen stieß? Das ist doch eine zutiefst interessante Frage.

Welchen Vogel hört man in meinem Garten in der Uckermark am häufigsten? Das ist ohne Zweifel die Amsel. Die Kohlmeise ist wahrscheinlich der Vogel, den man am häufigsten sieht, noch vor der Amsel. Oft zu sehen ist auch die Wacholderdrossel, aber von der hört man nicht viel, sie schwätzt im Flug ein wenig vor sich hin, meist ist es nur ein weiches »schack-schak-schak«, und dazu kommen, wenn man genauer hinhört, ein paar leise quäkende Laute. Und sie hat einen rauen kurzen Alarmruf. Kein Vergleich zur Amsel, die eine Künstlerin ist, oder zur Dramatik der Nachtigall mit ihren nächtlichen Crescendi.

Es ist Abend, und ich sitze auf der Terrasse und höre neben den Kröten im Teich eine Weidenmeise, einen Buchfink, einen Grünfink, eine Ringeltaube und aus der Ferne eine Amsel.

Morgens dominieren in ihrer Ausdauer die Gartengrasmücke und der Gelbspötter, der Freund meines Sohns, der seine Pfiffe nachzuahmen versucht. Natürlich hört man viele Kohlmeisen und auch, allerdings seltener, das feine Lied der Tannenmeise. Neben der Amsel ist die geläufigste Stimme im Garten wohl die der Mönchsgrasmücke mit ihren klaren flötenden Tönen in der kurzen Strophe, der immer eine Art Geraschel vorausgeht, aus dem das schöne Lied umso triumphierender hervorbricht. Es ist, als müsste sich die Mönchsgrasmücke erst räuspern, bevor sie loslegt. Unten im Grund stehen Kraniche, und man hört ihr Trompeten bis hier herauf.

Wenn man einen Rundweg durch den nahe gelegenen Park macht, ist dort und im angrenzenden Fenn die Stimme des Buchfinks am häufigsten zu hören. Dann folgen die Kohlmeisen, Grünfinken, Stieglitze und die anderen Meisen: Sumpfmeisen, Weidenmeisen. Gar nicht selten auch ein Kleiber, aber nur manchmal höre ich den Waldbaumläufer oder den Waldlaubsänger, den ich in Berlin im Grunewald andauernd im Ohr habe. Dafür gibt es hier häufig das helle Gelächter des Grünspechtes und, sehr viel seltener, das wilde, gellende »kijöö« des Schwarzspechtes.

Kommt man aufs freie Feld, dominieren die quirlenden Gesänge der Feldlerchen, und man hört auch Wiesenpieper und Goldammern, die in der Gegend häufig sind. Im Dorf dann das Trillern und Keuchen des Hausrotschwanzes, dazu natürlich Stare und Bachstelzen. Und das Schwätzen und Tschilpen der Rauchschwalben und Sperlinge – ganz, wie es sich gehört.

Im letzten Jahr habe ich aus den hohen Birken, die der Nachbar nach seiner Umsiedlung aus Ostpreußen kurz nach dem Krieg gepflanzt hat, immer wieder Pirole gehört, aber dieses Jahr scheinen sie nicht wiedergekommen zu sein. Der Ruf des Pirols ist etwas Besonderes. Er wird im Volksmund mit »Bülow« übersetzt, und das ist auch dicht dran, aber da ist noch etwas. Wie bei der Mönchsgrasmücke geht ihm eine leise Vorsilbe voraus, bevor der klare, harmonische Ruf kommt, der mir immer etwas Flüssigem zu ähneln scheint, wie tropfendes Wasser. Es ist etwa so: »Ssstbülow«.

Jetzt ist es zehn Uhr abends, und so langsam wird es ruhig. Die Vögel, die sich noch melden, sind einsilbig geworden: eine Wacholderdrossel – »schak, schak«, ein kurzes Schnarren –, eine Kohlmeise, die einmal läutet und dann verstummt, ein näselndes Knarren vom Gelbspötter, dann Stille. Nur eine Amsel singt drüben vom Knick her unermüdlich ihr langsames, schönes Lied in die Abenddämmerung hinaus, verabschiedet sich von den letzten Lichtstrahlen. Sobald der erste Morgenschimmer zu sehen ist, wird sie wieder beginnen.

Gleich wird der Vorhang aufgehen, und die Nachtigall hat ihren großen Auftritt. Manchmal sind es auch zwei, die gegeneinander ansingen. Eine vom Knick aus, die andere von oben aus dem Obstgarten – etwa fünfzig Meter voneinander entfernt. Natürlich wissen sie umeinander, sie versuchen ja, sich gegenseitig zu übertrumpfen, und sie wechseln sich in ihren Gesängen ab. Nur selten singen sie beide gleichzeitig, und dann bricht eine von ihnen häufig mitten in ihrer Darbietung ab. Die Töne sind wunderbar voll und orgelnd, wozu natürlich auch die feuchte Nachtluft beiträgt und die Stille, die hier herrscht. Leise beginnen die Tonreihen, unterbrochen von dem berühmten schluchzenden »tjuk-tjuk-tjuk«, und steigern sich dann in reine, volle Töne, die sich manchmal in ein lauter und schneller werdendes Crescendo stürzen. Es ist ein unwiderstehliches Konzert, und es fällt schwer, aufzustehen und zu Bett zu gehen. Stunden habe ich auf der Terrasse verbracht, gefesselt von dieser Gesangspracht. Nicht ohne Grund haben die Dichter – und sie sind natürlich die Autorität auf diesem Gebiet – seit der Antike über das Mittelalter und die Romantik bis in unsere Zeit die Nachtigall wie keinen anderen Sänger gepriesen.

In Keats »Ode to a Nightingale« wird ihrem Gesang die Fähigkeit zugeschrieben, den Menschen vom Gedanken an den Tod abzubringen, den Tod zu besiegen. Als »unsterblichen Vogel« schildert Keats die Nachtigall[4], und die Ekstase, mit der sie ihre Seele in die Nacht ergießt, bringt sein Gedicht »aus dem Gleichgewicht«, wie Martin Mosebach sagt[5], denn der melancholische John Keats schwankt hin und her zwischen dem Lockruf des Todes und dem Gesang der Nachtigall, der das Leben bejubelt.

Unter den Schriftstellern der Gegenwart ist dieser Martin Mosebach einer der sprachmächtigsten, und er hat der Nachtigall einen Hymnus geschrieben, der seinesgleichen sucht in der Literatur der Moderne:

> Gedichte hatten mich auf die Nachtigall vorbereitet, Hafis und Brentano, aber nun, als ich die Nachtigall endlich hörte und erfuhr, welche Lautfülle sich hinter diesem Namen verbarg, der nur ein Signalwort zur Erzeugung einer bestimmten poetischen Atmosphäre gewesen war, erschien es mir unversehens als hochgefährlich, die Nachtigall in ein kunstvolles lyrisches Zeilengespinst hineinzupflanzen. Nie mehr würde ich vergessen, was eine Nachtigall wirklich war: kein Gewürz, kein Parfum, kein Symbol, sondern eine Gewalt, deren Nennung jedes Gedicht aus dem Gleichgewicht brachte, das schwanke lyrische Boot musste kentern, wenn die körperlose Nachtigall an Bord ging, wenn sie aufstieg als das eigentliche, das unübertreffliche Chef d'œuvre, ein Lebewesen, das mit seiner Kunst identisch war und pulsierend und stolz jedes Kunstwerk übertraf.[6]

Mosebach bewundert ganz zu Recht »die goldene volle Tiefe der Töne«, die Kraft des Gesangs dieses kleinen unscheinbaren Vogels, und der Höhepunkt seines Prosagedichts über den Gesang der Nachtigall ist dieser Satz: »Sie sang, wie ein Stern strahlt in der kosmischen leeren Nacht.«[7] Ist es nicht das, was man empfindet, wenn nachts die Stimme der Nachtigall in die Stille einfällt?

Ohne Zweifel aber gibt es neben der Nachtigall unter den anderen Singvögeln, besonders den Drosseln, begabte Sänger, und der Komponist und Dirigent Heinz Tiessen hat sogar in einem kleinen Buch zu beweisen versucht, dass die Amsel besser singt als die Nachtigall. Der Titel des Buches lautet *Musik der Natur*, und es behandelt die Gesänge der Vögel unter strikt musikalischen Begriffen. Dabei versucht der Verfasser mit allen Kräften, der in seinen Augen vernachlässigten Amsel gerecht zu werden. Der Amselgesang sei, so sagt er, »die musikalische Höchstleistung der Natur außerhalb des Menschenwerks«[8]. Zu Unrecht sei die Nachtigall ihr immer vorgezogen worden.

Nicht ohne Grund, meint Heinz Tiessen, haben viele Komponisten auf Motive der verschiedenen Vogelgesänge zurückgegriffen und sie in ihr Werk eingefügt, besonders die variantenreichen Lieder der Komponistin unter den Vögeln, der Amsel. Tiessen nennt unter anderen Beethoven, Liszt, Wagner, Bruckner, Strauss, Loewe. Auch einige weniger bekannte Komponisten sind dabei. Das berühmteste aller Amselmotive, sagt Tiessen, findet sich im Finalmotiv von Beethovens Violinkonzert. Beethoven war ein großer Naturfreund, und es ist durchaus denkbar, dass er eine Amselmelodie übernommen hat. Auch der Anfang seiner G-Dur-Sonate für Violine und Klavier ist nach Tiessen ein Amselmotiv.[9] Da Tiessen selbst komponiert hat, kennt er sich hier sehr gut aus, und es ist faszinierend, einen solchen »Mann vom Fach« über den Gesang der Vögel und seinen musikalischen Rang philosophieren zu hören.

Was die Rangfolge der beiden »edelsten« Sänger angeht, der Amsel und der Nachtigall, so schreibt er, dass ein Vergleich schon dadurch erschwert werde, dass die beiden eigentlich in verschiedenen Kategorien antreten. »In der Musikkammer der Vögel gehört die Nachtigall zur Fachgruppe der Gesangsolisten, die Amsel vor allem auch zu den Komponisten.«[10] Tiessen verweist zu Recht darauf, dass wir Menschen dem Vogelgesang Stimmungslagen zuweisen, die natürlich mit der Empfindung des Vogels nichts zu tun haben, aber wenn er selbst Vogelstimmen charakterisiert, schreckt er vor keiner anthropomorphen Schwelgerei zurück: »So atmet der Gesang der Goldammer für unser Ohr die stillversonnene Monotonie des Feldes, der Wiesenfläche. Die Feldlerche verkörpert den Ziergesang, Koloratur der Seele. Aus ihrer Gesangstechnik wird ein schwingender Jubel ohne Ende.« Auch im abwertenden Sinne geschieht das bedenkenlos: »Der Pirol erscheint als ein Blender, aber ein bestrickender; sein reizvolles Motiv hat etwas von der öligen Eleganz eines Dandys.«[11] Auf die Idee wäre ich beim schönen, fließenden Ruf des Pirols nicht gekommen. Immerhin erwähnt er, dass Richard Wagner im »Waldweben« mit einem Flötenmotiv einen »verlängerten« Pirolruf aufnimmt.[12]

Den bekanntesten Vogelruf überhaupt, den des Kuckucks, nimmt er gegen den Vorwurf der Eintönigkeit in Schutz: »Am häufigsten hört man die beiden Terzen, die (von Beethoven im zweiten Satz der Pastoral-Symphonie verwendete) große Terz und die (im Volksliede bevorzugte) kleine Terz … Der Leckerbissen aber ist die reine Quarte, übermütig, fast herausfordernd.«[13]

Aber zurück zu Nachtigall und Amsel. Zu meiner Sympathie für dieses kleine Buch Tiessens hat sehr beigetragen, dass er hier und da den großen Naumann zitiert. Der sagte über den Gesang der Nachtigall: »Mögen alle Schwarz- und Singdrosseln [unter Schwarzdrosseln verstand er die Amsel], Grasmücken und anderen Singvögel ihre Kehlen anstrengen, wie sie wollen, die Nachtigall übertrifft sie alle.«[14] Das passt nicht zu

Tiessens zentraler These von der musikalischen Überlegenheit der Amsel und bringt ihn in einige Verlegenheit. Trotzdem lässt er Naumann fairerweise noch einmal zu Worte kommen. Über den Gesang der Nachtigall sagt der alte Meister der deutschen Ornithologie: »Es herrscht darin eine solche Fülle der Töne, eine so angenehme Abwechslung und eine so hinreißende Harmonie, wie wir sie in keinem anderen Vogelgesange wiederfinden.«[15]

Was nun, Tiessen? Natürlich muss er Naumann widersprechen, aber er macht das rhetorisch mit einer geschickten Verkleidung, indem er ihm zunächst in vielen Punkten zuzustimmen scheint, um dann mit seiner Kritik umso härter zuzuschlagen. Weil es so amüsant ist, ihm dabei zu folgen, hier ein längeres Zitat:

> Diese Wertschätzung ist nur verständlich, sofern man sich der Betrachtungsweise jener Konzertbesucher anschließt, die einzig die Ausführung und nicht den musikalischen Gehalt des Programms bewerten. Wahrhaft einzig ist in der Tat der romantisch-erotische Stimmungszauber, den dieser Vogel durch die mannigfaltigen Klangreize seiner Tongebung und durch die betörende Suggestivkraft seines nuancenreichen Vortrages hervorruft, durch seine Triller, sein An- und Abschwellen, sein Locken und Schluchzen, durch die inbrünstige Leidenschaftlichkeit seines Gesanges, der mit seinem bald stürmischen, bald zurückhaltenden Tempo die Illusion einer Liebesszene wachruft wie kein zweiter. Dies alles harmoniert mit der romantischen Atmosphäre, in der die Nachtigall sich hören lässt.

Er meint damit, dass die Nachtigall meist am späten Abend oder in der Nacht singt. So weit, so gut. Aber jetzt kommt es:

> Wenn wir jedoch die musikalische Substanz dieses virtuosen Klangzaubers suchen, bleibt uns nichts als ein enttäuschendes, musikalisch dürftiges Material an Gesangsübungen, das bestenfalls einem Unterrichtswerk zu entstammen scheint. Der Zauber ist dahin, und man denkt an die Worte des Musikkritikers: »Zu bedauern bleibt, dass die gefeierte Sängerin ihre hohe Kunst nicht in den Dienst würdigerer Aufgaben gestellt hat.«[16]

Ja, war Naumann denn unmusikalisch? War er nicht, er hat sogar mit seiner Familie musiziert, er spielte die Flöte, seine Söhne Geige und Cello, ein Freund das Klavier. Vor allem Haydn, Mozart, Weber, später auch Beethoven und Mendelssohn waren seine Lieblingskomponisten. Immerhin gibt Tiessen zu, dass Beethoven am Schluss des zweiten Satzes der Pastoral-Symphonie Elemente des Nachtigallengesanges für die Flöte übernimmt. Dasselbe tut Wagner im »Waldweben« für die Klarinette.[17] Strawinskys »Rossignol« (französisch für Nachtigall) dagegen ist für Tiessen ein künstlicher Zaubervogel, der mit dem Gesang der realen Nachtigall nichts zu tun hat.[18]

Nun aber zur Amsel. Noch zu Naumanns Zeiten, also am Beginn des 19. Jahrhunderts, war die Amsel ein scheuer Waldvogel, der mit der Zivilisation wenig im Sinn hatte. Nur im Wald konnte man sie hören: »Es gewährt einen unvergleichlichen Genuss«, schreibt Naumann, »nach einem heiteren Frühlingstage den Abend in einem schönen Laubholzwalde zuzubringen, wo die eben eintretende nächtliche Stille nur noch von den melancholischen Gesängen der Schwarz- und Singdrossel unterbrochen wird; dies Konzert ist so anmutig, dass es manchen erfreut, der sonst nicht gewohnt ist, auf dergleichen Dinge zu achten.«[19]

Das änderte sich gründlich, die Amsel wurde zum Kulturfolger, zog in die Städte und ist heute einer der häufigsten Vögel in den Gärten der Vorstädte. Ihren harmonischen Gesang und vielleicht noch mehr ihre gellenden Warnrufe hört man überall. Den früher als häufigsten Vogel geltenden Haussperling hat sie wohl schon lange abgelöst. Dass ihr flötendes Lied uns so vertraut ist, liegt sicher auch daran, dass sie im Unterschied zur Nachtigall sehr lange singt, womit nicht die Länge ihres Vortrags gemeint ist – der aber auch beträchtlich sein kann –, sondern die Monate des Frühlings und Sommers, in denen sie zu hören ist. Während die Nachtigall meist erst Anfang Mai richtig zu musizieren beginnt, aber gegen Ende Juni, Anfang Juli schon wieder schweigt, singt die Amsel fast fünf Monate: vom März bis zum August.

Und sie hat ohne Zweifel ein gewaltiges Repertoire. Nach Tiessen umfasst ihr Tonbereich mehr als eine Oktave, und ihr Motivreichtum scheint unerschöpflich zu sein. Deshalb hält Tiessen manche Amseln (es gibt bei allen Vögeln, was den Gesang angeht, innerhalb der Arten große Unterschiede) tatsächlich zur Komposition immer neuer Lieder fähig. Und er liefert eine Menge Beispiele. Das ist in der Tat erstaunlich, und er schreibt dazu:

> Die Musik der Natur bietet in all diesen Beispielen praktisch Belege der »Quintverwandtschaft«, das [sic] sich ohne menschliches Zutun unmittelbar aus der akustischen Naturerscheinung des Tones mit seinen Obertönen ergibt und für die Musiktheorie die elementare erste Grundlage der Tonbeziehungen darstellt; und zwar sind diese Belege eindeutig: denn diesen Amselmotiven kann man nicht etwa nur die Harmonie unterlegen, sondern die Melodietöne selbst geben die Harmonie wieder, meist sogar vollständig.[20]

Viele Beispiele des Amselgesangs hat Tiessen in Notenschrift festgehalten und niedergeschrieben, wo und wann er sie gehört hat. Auffallend ist dabei sowohl, dass es bei verschiedenen Amselmännchen in verschiedenen Gebieten identische Strophen gibt, als auch, dass die Amselgesänge sehr vielfältig sind und jede Amsel offenbar über einen reichen Schatz von verschiedenen Strophen verfügt. In der Vielfältigkeit der Gesangsdarbietung ist die Amsel der Nachtigall sicherlich überlegen. Manchmal gerät Tiessen geradezu in Verzückung. Er nummeriert seine Notenbeispiele und kommentiert sie zum Teil. Zu einer Amsel, die er 1915 in Soden im Taunus gehört hat, schreibt er begeistert: »Bei Nr. 53 glaubt man, Mozart zu hören, und ergänzt unwillkürlich die notierte Begleitung!«[21]

Und zu einer Amsel, Nr. 78, die er 1913 in Görlitz gehört hat, heißt es in noch größerer Ergriffenheit: »Bei 78 geht der Schlusston über die artig abgesteckte Oktavengrenze der übrigen Motive hinaus in die dissonierende übermäßige Oktave – als schweife eine unbestimmte Sehnsucht in die Weite des Himmels hinauf, um in höheren Regionen die konsonante Erfüllung zu suchen.«[22]

Tiessen schließt seine Ausführungen mit einem Zitat eines Kollegen, Bernhard Hoffmann, der 1908 ein Buch mit dem Titel *Kunst und Vogelgesang in ihren wechselseitigen Beziehungen* in Leipzig veröffentlichte. Da geht es um die Beobachtung Hoffmanns, dass Amseln in ihren Strophen oft ein Lieblingsmotiv variieren – und dies manchmal wochenlang. Hoffmann – und mit ihm Tiessen – glaubt angesichts dieser Beispiele, es stecke »ein Etwas im Vogel, das ihn jene Motive mit der erstaunlichen Klarheit der Intervalle und der Feinheit der Rhythmik bilden lässt«.[23]

Dass Amseln Motive haben, die sie oft wiederholen, kann ich bestätigen. Und mein Vater fand früher, während meiner Kindheit in Kiel, ein Motiv des Amselgesangs so schön, dass er es gewissermaßen als Erkennungssignal pfiff, wenn er uns oder unsere Mutter auf sich aufmerksam machen wollte. Die Musikalität der Amsel ist unbestreitbar, aber ist sie wirklich eine bessere Sängerin als die Nachtigall?

Zufällig hörte ich an dem Abend, als ich Tiessens Buch gelesen hatte, die erste Nachtigall dieses Jahres im Garten. Es war der 21. April, und dieser musikalische Ausbruch war eine einzige Widerlegung von Tiessens Ansicht. An einem anderen Tag, Mitte Mai, um die Mittagszeit, hörte ich am Ufer des kleineren Sees, zu dem mich mein üblicher Spaziergang führt, gleich drei Nachtigallen: zwei direkt am See, in der Böschung des Ufers, etwa hundert Meter voneinander entfernt, und eine dritte auf der anderen Seite einer neben dem Weg liegenden Wiese, die leicht ansteigend an ein Wäldchen grenzt, dem ein Weidengesträuch vorgelagert ist. Auch die dritte Nachtigall war von den beiden anderen ungefähr hundert Schritte entfernt, die drei bildeten sozusagen ein Klangdreieck. Ich setzte mich mitten auf der Wiese etwa im Zentrum dieses Dreiecks ins Gras. Die drei Vögel konnten einander deutlich hören, und es war offensichtlich, dass sie einander zu überbieten suchten. Nie vorher habe ich in der Mitte eines solchen dreiseitigen Wohlklangs gestanden. Es dauerte mehr als eine Stunde, bis sich ein Sänger nach dem anderen erschöpft abmeldete. Es war wunderschön, und ich glaube nicht, dass eine Amsel da hätte mithalten können. Trotzdem bin ich dankbar, dass es das Buch von Heinz Tiessen gibt. So ernsthaft hat sich noch kein Musiker mit dem Gesang der Vögel beschäftigt.

Wir haben bislang nur über die Singvögel gesprochen, aber was ist mit den Gesängen, den Rufen und Geräuschen der anderen? Auch unter den Limikolen, den Watvögeln, gibt es Arten mit sehr melodischen Rufen. Zum Beispiel den Großen Brachvogel mit seinem weichen »tlüie«, einem tiefen Flötenton, der melodisch ansteigt, sicher einer der schönsten Rufe in der Vogelwelt. Ich höre ihn meist auf Sylt, und da ist er für mich der typische Ruf des Watts geworden. Aber einmal, vor etwa zwölf Jahren, habe ich diesen Ruf auch in der Uckermark bei einem meiner Spaziergänge gehört. Ich war zuerst ein wenig verwirrt, glaubte mich einen Augenblick am Nylönn vor Kampen, aber dann sah ich acht Große Brachvögel über mich hinwegziehen, sechs eng zusammen fliegend, zwei etwas seitlich verschoben. Es war am 24. Juli, also mitten im Sommer, sie waren offensichtlich mit der Brut schon durch. Mit ihren langen gebogenen Schnäbeln und den langsamen Flügelschlägen strichen sie vorüber.

Erwähnen muss man auch den singenden Klang der Schwanenschwingen, das Klingeln der Schellente, die Konzerte der Loons, der Eistaucher, die sich nachts auf einem kanadischen See versammeln. Natürlich auch den Glockenton der Trauerenten und das melancholische, fast unheimliche Rufen der Rußalbatrosse. Tiessen würde das wohl nicht als Musik durchgehen lassen, aber es ist Musik in meinen Ohren.

IX

DER FLUSS

Die Peene

Wenn man eine gute Stunde von meinem Häuschen in der Uckermark aus nach Norden fährt, erreicht man den Kummerower See und mit ihm die Peene und ihre Polder. Diese Polder sind Auen der Peene und weite Moore, die oft überschwemmt werden, und sie sind mit großem Aufwand renaturiert, also in ihren vermutlich ursprünglichen Zustand zurückversetzt worden. Eine unfassbare Vielfalt von Vögeln lebt hier ungestört, und man kann sie von Beobachtungstürmen oder auch von Straßen und Wegen aus beobachten. Dieses Gebiet der sogenannten Mecklenburger Schweiz ist ein Vogelparadies. Die Schweiz muss in Deutschland für viele Landschaften herhalten. In meiner Heimat Schleswig-Holstein gibt es zum Beispiel die Holsteinische Schweiz, einen wunderbaren Landstrich im östlichen Hügelland mit vielen Seen, unter ihnen der besonders gerühmte Uglei-See. Aber wenn es um das Vorkommen und die schiere Menge von Vögeln geht, kann sich die Holsteinische Schweiz in keiner Weise mit der Mecklenburgischen messen.

Die Landschaft um den Kummerower See und die Peene ist mit etwa zweihundert Quadratkilometern das größte zusammenhängende Niedermoor in Deutschland. Mindestens hundertsechzig Vogelarten leben hier, viele Säugetiere wie der Fischotter oder der Biber und auch seltene Amphibien und Reptilien. Das Auge geht weit über schilfbestandene Sumpflandschaften und kleine Seen und Teiche bis zur blauen Fläche des Kummerower Sees. An seiner östlichen Spitze fließt die Peene aus ihm heraus, und ihre Auen und Polder bilden zusammen mit denen der Trebel, die sich in Demmin mit der Peene vereinigt, diese einzigartige Sumpflandschaft. Im Jahre 2008 wurde das Untere Peenetal zum Naturschutzgebiet erklärt.

Dort, wo die Peene aus dem See heraustritt, durchquert ein Damm das Sumpfgebiet, der Kützenhofer Damm, der Kützenhofen mit Verchen verbindet, dem Städtchen an der Mündung der Peene in den Kummerower See. Die schmale Straße auf dem Damm ist asphaltiert und hält sich erstaunlich gut, denn sie wird regelmäßig überspült. Wenn der Wind auf der Ostsee von Nordost kommt, wird die Peene in den Kummerower See zurückgedrückt, und die Straße steht knöcheltief unter Wasser. Man kann den Wagen auf einem der Parkplätze in der Nähe abstellen und dann in Gummistiefeln den Damm entlangwandern. Begleitet vom Kreischen der Lachmöwen geht man durch den Sumpf, als wandelte man auf Wasser. Dieser Damm ist für Vogelbeobachter geradezu spektakulär. Angesichts der Menge der Vögel glaubt man in den Tropen zu sein. Auffallend viele Zwergtaucher, Reiher- und Tafelenten sind zu sehen, und wenn man Glück hat, fliegt hastig und zielbewusst eine Rohrdommel vorbei. Auf der östlichen Seite brüten Lachmöwen und Taucher und Schwäne, auf der westlichen Seite stehen abgestorbene Schwarzerlen wie skurril verformte Gespenster mit klagend erhobenen schwarzen Armen im Wasser. Sie bilden einen weiten Halbkreis, und in ihnen nisten Hunderte von Kormoranen, eine ganze Kolonie. Die Nester dieser Vögel müssen Meisterwerke der Statik sein, denn auf ganz geringem »Fundament«, einer Astgabel etwa, baut der Kormoran ein relativ großes Nest, das selbst Stürmen Widerstand leistet. Er verwendet vor allem Schilf als Baumaterial und schlingt es so ineinander, dass es stabil und doch nachgiebig auf den dünnen Ästen ruht. Ausgepolstert wird das Nest mit weicherem Material, Algen und Moos. Überall auf den kahlen, schwarz aus dem flachen Wasser aufragenden Bäumen sieht man die eleganten dunklen Silhouetten der brütenden Kormoranweibchen auf den von der Sonne hellgelb gebleichten, kunstlos wirkenden, aber keinesfalls primitiv gebauten Nestern.

Bei uns hat der Kormoran keinen guten Ruf, er galt lange als Fischräuber und wurde von den Fischern und Jägern erbarmungslos verfolgt, bis er aus Deutschland fast verschwunden war. Seit er geschützt wird, hat er ein großes Comeback erlebt. Man sieht die Kormorane wieder überall, sowohl in Süßwasserseen und Teichen als auch an Nord- und Ostsee. Er brütet vor allem an der norwegischen und britischen Atlantikküste, aber auch weit im Süden, etwa am Schwarzen Meer oder an der Westküste von Nordafrika.

In der Antarktis habe ich den King Cormoran beobachtet, der nicht schwarz ist wie unserer, sondern eine prächtige Farbkombination aus Weiß und Blaugrau zur Schau trägt, und ich lernte diese vielseitigen Vögel, die dort in großer Zahl vorkommen, bewundern. Sie vereinigen fast unglaubliche Talente auf sich. Sie fliegen gut, sie schwimmen gut, sie können sich auch gut an Land bewegen, aber ihre größte Gabe ist das Tauchen. Sie sind unter Wasser außerordentlich schnell, angetrieben nur von den Füßen, die Flügel dicht am Körper, tauchen tief, bis zu neun Meter, und leben vorwiegend von Fischen. Wenn sie jagen, stecken sie den Kopf vor dem Tauchen wiederholt ins Wasser, um sich umzusehen. Das Tauchen beginnt meist mit einem schnellen und eleganten Vorwärtssprung. Diese Eigenschaften teilen unsere unscheinbareren schwarzen Kormorane mit ihnen. Man hat also allen Grund, ihre Vielseitigkeit anzuerkennen. Ihre Flügel sind nicht eingefettet wie die unserer Enten, sodass sie die Federn trocknen müssen, indem sie mit ausgestreckten Flügeln in der Sonne sitzen. Daran erkennt man sie auf den ersten Blick.

Als ich langsam über den Kützenhofer Damm ging, schwammen auf der östlichen Seite der Straße viele Zwergtaucher in ihrem braunroten Federkleid herum, sie mussten jetzt in der Balz sein, aber davon war nicht viel zu sehen. Die kleinen, hübschen Zwergtaucher führen auch nicht eine so aufsehenerregende Balz auf wie die größeren Taucher, etwa der Haubentaucher, der größte seiner Art, und die wenig kleineren Rothals- und Schwarzhalstaucher, die sehr viel seltener zu sehen sind. Aber hier am Kummerower See leben beide Arten, und ich sah erst einen Schwarzhalstaucher, dann mehrere. Und einige von ihnen zeigten ihr eindrucksvolles Balzdrama. Sie bäumen sich im Wasser voreinander auf, fast Brust an Brust, und das Männchen übergibt dem Weibchen etwas Essbares, einen Halm oder ein Blatt, als Symbol seiner Absichten. Manchmal schwimmen sie schnell und nah mit hoch erhobenem Kopf nebeneinander her, manchmal tauchen sie auch gleichzeitig und erscheinen nach etwa einer halben Minute zusammen oder kurz hintereinander wieder an der Oberfläche. Am spektakulärsten ist das pinguinartige Nebeneinanderherrennen auf dem Wasser. Beide heben fast den ganzen Körper senkrecht aus dem Wasser und »laufen« mit kräftigem Beineinsatz ein Stück nebeneinander her, das Wasser spritzt auf, und die Vögel haben eine richtige kleine Bugwelle.

Der Schwarzhalstaucher gehört zu den Lappentauchern, wird bis zu 34 cm lang und hat eine Flügelspanne von bis zu 60 cm, ist also kleiner als der Haubentaucher, den man überall auf unseren Seen sieht, und auch kleiner als der Rothalstaucher.

Am ehesten entspricht er in seiner Größe dem Ohrentaucher. Kopf, Hals, der obere Teil der Brust und der Rücken sind schwarz, und an den Flanken sieht man ein schönes, hingetupftes Kastanienbraun, das in das Weiß des Unterleibs übergeht. Das Auffallendste am Schwarzhalstaucher ist der Ohrenbüschel am Kopf. Diese goldfarbenen, gefächerten Federn setzen hinter dem rötlich wirkenden Auge an und reichen wie ein kriegerischer Indianerschmuck bis zum Hinterkopf. Auf dem Kopf erhebt sich darüber noch ein glänzend schwarzer Helmbusch. Eine gelbliche Linie zieht sich vom vorderen Augenrund bis unter den leicht aufgeworfenen schwarzen Schnabel mit seiner kleinen gelben Spitze. Wie alle Taucher macht der schwarzhalsige einen sehr entschlossenen Eindruck.

Die Schwarzhalstaucher brüten in Kolonien, ihre Nester liegen flach auf niedrigem Wasser, schaukeln sanft vor sich hin und sind im Grün und Braun der Wasserpflanzen schwer zu erkennen. Auch hier am Kummerower See war zu sehen, dass sie die Gesellschaft von Lachmöwen suchen, deren aufgeregte Wachsamkeit ihnen wahrscheinlich zustattenkommt. Die Luft über dem See war erfüllt von kreischenden Möwen.

An der Eckernförder Bucht hatte ich als Kind bei einem der Spaziergänge mit der Familie zum ersten Mal gesehen, dass die Mittelsäger ihre Küken, wenn Gefahr zu drohen schien, auf den Rücken nahmen. Die Kleinen erkletterten sehr schnell und gewandt den Rücken des Muttervogels und kuschelten sich in die Federn. Wenn die Mutter sie wieder loswerden wollte, tauchte sie einfach kurz unter, und die Kleinen schwammen wie Korken auf. Sie schienen sich auf dem Rücken der Mutter sehr wohl zu fühlen, denn sie versuchten sofort, wieder in diese warmen Federn zu klettern, wurden aber von der Mutter umstandslos ins Wasser zurückgesetzt. Ich beobachtete das damals mit großer Faszination und verlor viel Zeit, sodass meine Familie, als ich aufsah, schon weit entfernt war. Ich erinnere mich genau, dass ich hinterherlaufen musste, und auch, wie mühsam das Rennen im tiefen Sand war.

Die Schwarzhalstaucher machen wie alle fünf in Deutschland vorkommenden Lappentaucher dasselbe, auch sie tragen die Kleinen oft auf dem Rücken, ein berührender Anblick. Aber jetzt, Mitte Mai am Kummerower See, waren sie in der Balz und hatten noch keinen Nachwuchs.

In der Luft gaukelten zu meiner Begeisterung die seltenen Weißbartseeschwalben, ihr Flug ebenso mühelos leicht wie der der Trauerseeschwalben und Weißflügelseeschwalben, die ich auch schon hier gesehen habe. Wie sie hierher, an die Peene, gekommen sind, ist ein Rätsel des Vogelzugs, denn sie brüten in der Mehrzahl sehr viel weiter im Süden: in Frankreich, Spanien, Bulgarien und Rumänien und vor allem im Irak. Den Winter verbringen diejenigen der Vögel, die in Südwesteuropa brüten, in Westafrika, in einem breiten Gürtel oberhalb des Äquators. Die osteuropäischen Weißbartseeschwalben überwintern wahrscheinlich im Iran, in Pakistan, im Sudan und bis hinunter nach Kenia und Südafrika. Wie also kommen sie hierher, das liegt doch ganz außerhalb der naheliegenden Flugkorridore? Was hat sie auf ihrem Heimflug vom fernen Afrika hierher verschlagen? Niemand weiß es, aber jetzt brüten sie hier, und das ist einer der großen Erfolge, welche die aufwendige Renaturierung des Peenetals mit sich gebracht hat.

Seit 2002 haben die ersten Weißbartseeschwalben sich diesen Ort ausgesucht, um hier ihren Nachwuchs aufzuziehen. In den älteren Vogelbüchern ist das noch nicht verzeichnet. Es ist eine erstaunliche Wende, die zeigt, was man erreichen kann, wenn man konsequent auf die Wiederherstellung einer ursprünglichen Landschaft setzt und die Voraussetzungen schafft, um die Vögel, die hier einmal heimisch waren, zurückzuholen oder neue Arten anzulocken. Die Weißbartseeschwalbe ist ein Symbolvogel für diese Entwicklung im Peenetal.

Der etwas merkwürdige und umständliche Name Weißbartseeschwalbe (im Englischen heißt sie Whiskered Tern) leitet sich von dem weißen Kinnband ab, das sich unter der schwarzen Haube, die ganz der der Küstenseeschwalbe entspricht, über die Wangen unterhalb der Augen bis zum Nacken zieht. Ein Bart ist das keineswegs. Das Federkleid des Rückens zeigt ein mittleres Grau, das manchmal bläulich schimmert, es ist deutlich dunkler als bei der Küstenseeschwalbe, aber heller als bei der Trauerseeschwalbe oder der Weißflügelseeschwalbe. An der Kehle geht das mittlere Grau in einen lichteren Ton über, ein weißliches Grau, das sich aber noch immer deutlich vom rein weißen »Bart« abhebt. Es verdunkelt sich zu einem Schwarzgrau an Brust und Bauch. Die Flanken zeigen ein helles Grau, unter den Flügeln sind sie weißlich. Man könnte die Weißbartseeschwalben auf den ersten Blick wegen der schwarzen Kappe mit Küstenseeschwalben verwechseln, aber die grauen Nuancen des Federkleids belehren einen schnell eines anderen. Das Weibchen ist vom Männchen kaum zu unterscheiden, allenfalls ist die Unterseite des Männchens eine Spur heller. Der lange, spitze Schnabel ist rot, ebenso die Beine.

Die Vögel sind ein wunderbarer Anblick, eine Studie in Schwarz, Weiß und Grau. Mit ihren schnellen, zierlichen Wendungen im Flug scheinen die verschiedenen Farbnuancen geradezu in der Luft zu flimmern. Sie sind natürlich, wie alle Seeschwalben, fantastische Flieger, und sie scheinen mir, der ich an der Küste Schleswig-Holsteins aufgewachsen bin und die dortigen Seeschwalben oft beobachtet habe, ebenso beweglich und grazil in ihren Luftmanövern wie die Küstenseeschwalbe oder die Brandseeschwalbe, auch wenn die spektakulären Sturzflüge fehlen.

Die windungsreiche Peene fließt vom Kummerower See etwa siebzig Kilometer bis zur Mündung in die Ostsee, und diese siebzig Kilometer haben es für einen Vogelbeobachter in sich. Man kann den Weg mit dem Kanu zurücklegen, was mehrere Tage in Anspruch nimmt, aber es gibt Rastplätze am Fluss, in denen man übernachten kann. Während man gemächlich mit dem Kanu den Fluss hinuntertreibt, kann man den Reichtum der Vogelwelt, der sich im Peenetal ausbreitet, in Ruhe betrachten und bewundern. Neben den vier schon genannten Lappentauchern finden sich hier auch das Tüpfelsumpfhuhn, das Kleine Sumpfhuhn und der Wachtelkönig, dazu kann man die Sperbergrasmücke sehen, das Blaukehlchen, den Sprosser und das Braunkehlchen. Der Rohrschwirl singt im Schilf sein eintöniges Lied.

Wenn man mit dem Kanu Demmin hinter sich lässt, fährt man zwischen schilfbestandenen Ufern dahin, Ufern, die wahrscheinlich auch vor tausend Jahren schon so ausgesehen haben. Es ist eine Wildnis mit Erlen und kahlen alten, zum Teil heruntergebrochenen Weiden, in denen Rohrsänger schlagen und Sprosser singen. Dies scheint überhaupt der Fluss der Sprosser zu sein, von allen Seiten hört man seinen Gesang.

Der Sprosser ist eine sogenannte »Zwillingsart« der Nachtigall, und das ist in vieler Hinsicht interessant. Offenbar haben nur kleine Entwicklungsunterschiede dazu geführt, dass aus einer Spezies zwei geworden sind. Es gibt für diese Zwillingsarten noch eine Reihe anderer Beispiele, etwa den bei uns verbreiteten Gelbspötter und seinem südwestlichen Zwilling, den Orpheusspötter. Der wahrscheinliche Grund für die kleinen Abweichungen ist die territoriale Distanz. Der Sprosser hat wohl lange weit entfernt im Osten gelebt, hat dort eine etwas andere Entwicklung genommen als die Nachtigall – im Aussehen ebenso wie im Gesang. Ornithologen halten es für möglich, dass die Eiszeit die Vögel ursprünglich getrennt hat. Im Laufe der Jahrhunderte, vielleicht sogar der Jahrtausende, haben sich die Territorien der beiden Unterarten dann wieder angenähert, sodass sie nun nebeneinander wohnen und schwer auseinanderzuhalten sind. Der Sprosser ist etwas dunkler als die Nachtigall, ihm fehlt deren warmer rotbrauner Ton, er wirkt auf den ersten Blick eher graubraun, und wenn man genau hinguckt, kann man die braun gewölkte Brust entdecken, die ihn neben der Stimme am deutlichsten von der Nachtigall unterscheidet.

In Deutschland gibt es den Sprosser nur hier oben in Norddeutschland und im Osten Schleswig-Holsteins, wo ich die Nachtigall nur selten gehört habe. Er bewohnt riesige Gebiete in Polen und Russland, dehnt aber offenbar sein Brutgebiet nach Südwesten aus. Die Nachtigall ist ganz allgemein gesprochen ein westlicherer und südlicherer Vogel. In Südschweden etwa, wo der Sprosser verbreitet ist, gibt es die Nachtigall nicht. Den Winter verbringt der Sprosser in Ostafrika, in einem langen Nord-Süd-Streifen, der vom Roten Meer bis zum Norden Südafrikas reicht. Die Nachtigall dagegen überwintert in einem breiten West-Ost-Gürtel von Mauretanien bis zum Pazifik. Die Gebiete überlappen sich also in einem Landstrich westlich des Horns von Afrika.

Da die Nachtigall ja der »Star« unter unseren Singvögeln ist, sind die Gesangsunterschiede zwischen Nachtigall und Sprosser immer wieder gründlich studiert worden. Im Repertoire und im Aufbau der Strophen sind die beiden sich ziemlich ähnlich, aber die Unterschiede sind doch hörbar, besonders wenn man sich länger mit ihren Gesängen beschäftigt hat. Der Sprossergesang ist langsamer, tiefer und härter, er erreicht nicht ganz die Rundheit und Harmonie der Nachtigall, und vor allem fehlt ihm das berühmte Crescendo, die reinen »dü, dü, dü«-Laute, die an Stärke zunehmen. Trotzdem ist der Sprosser ein wunderbarer Sänger – er singt wie die Nachtigall auch in der Nacht. Nirgendwo habe ich ihn so oft gehört wie an der Peene.

In der weiten sumpfigen Landschaft können sich hochgefährdete Arten wie die Rohrdommel, die verschiedenen Rohrsänger, aber auch die Bekassine, das Tüpfelsumpfhuhn und das Kleine Sumpfhuhn erholen und gut entwickeln. Man gleitet mit dem lautlosen Kanu durch ein ständiges Vogelkonzert von beiden Ufern hindurch, fast ungläubig angesichts einer solchen natürlichen Landschaft und eines Flusses, an den der Mensch kaum Hand angelegt hat. Nach wie vor sind beide Ufer unbearbeitet und unkultiviert, nur Torf ist hier in der Vergangenheit gestochen worden, und das erhöht die Attraktivität solch einer Kanufahrt noch, weil die Torfstecher kleine, längliche Buchten geschaffen haben, in die man vom Fluss aus hineingucken kann. In diesen kleinen Abzweigungen vom Hauptbett wachsen gelbe und weiße Teichrosen, zwischen ihnen schwimmen Höckerschwäne und Blässrallen, und in den weißlich kahlen toten Bäumen sitzen Kohlmeisen, Sumpf- und Weidenmeisen und manchmal auch eine Mönchsgrasmücke. Auf einem der kahlen grauen Äste hockt ein Kuckuck und sieht unruhig um sich. Teichrohr- und Schilfrohrsänger knarren, zwirlen und flöten um die Wette.

Einige dieser schmalen Seitenarme haben sich inzwischen zu kleinen, spiegelglatten Seen erweitert, in die man am liebsten hineinfahren würde. An der Randower Schleife sehe ich in der Luft einen Silberreiher, Schwarzerlen stehen auf kleinen wie gepolsterten Inseln, vom Wasser umgeben, die grauen Wurzeln bloßgelegt vom Wasser und jetzt bei niedrigerem Stand sichtbar wie Hände, die in das Wasser greifen.

In einem kräftigeren toten Baum sitzt ein Seeadler, ein zweiter schwebt vor uns über dem Fluss. An den Ufern wechseln sich tote und lebende Stände von Schwarzerlen ab, grau und grün. Auf einem Seitenarm sehe ich eine große Anzahl von Graugänsen. Drei Schnatterenten fliegen vor dem Kanu auf. Ich höre den Gesang einer Mönchsgrasmücke, den eines Teichrohrsängers, und immer wieder den des Sprossers.

Ein Rotmilan gaukelt über einem der Seitenarme. Es ist immer faszinierend, diesem Flugkünstler zuzusehen, wie er bei starren Schwingen, den Blick nach unten gerichtet, nur mit dem langen, tief geklüfteten roten Schwanz steuert. Eine leichte Bewegung des Schwanzes, und der Vogel beschreibt eine elegante Kurve nach rechts. Er sucht etwas. Eine Weide hat aus ihrem auseinandergebrochenen Stamm eine graue, hölzerne Insel in der Nähe des Ufers gebildet, aus deren totem Holz neue dünne Sprossen grün und gerade nach oben wachsen.

Wo der Wald an den Fluss herantritt, stehen die Schwarzerlen im Wasser, davor eine dünne Kette aus Schilf, die sozusagen den Waldrand bildet. Baumstümpfe ragen schwarz aus dem braungrünen Wasser. Schattige Buchten bilden schöne Raststätten, aber man kann sie ja nicht alle nutzen, auch wenn ich oft haltmache, um einen Vogel zu beobachten, der im Schilf sitzt und sein Lied singt oder knapp über dem Wasser dahinschießt.

Über längere Strecken steht jetzt der Erlenwald dunkel an beiden Ufern, und die kleinen Erlenblätter fangen, von jedem Luftzug bewegt, das Licht ein und verlieren es wieder, es ist ein ständiges Flimmern. Eine noch grüne Erle liegt lang im Wasser, die Wurzeln, die sich im moorigen Boden nicht mehr halten konnten, ragen in die Luft. Manchmal, selten, stehen Birken dazwischen, die weißen Stämme leuchten in der Tiefe des Erlenwaldes. Auf den schwarzen Stümpfen der Erlen wachsen neue dünne Zweige wie Strähnen auf einem kahlen Kopf.

In einem der kleinen »Nebenbecken«, die aus der Torfstecherei entstanden sind, sehe ich einen Weißstorch, der bis zum Bauch im Wasser steht. Am Ufer ist noch einer, wandert mit würdevollen langsamen Schritten durch das hohe Gras, sicher auf der Suche nach einem Frosch. Nach neueren Beobachtungen sind die Störche dabei, ihr Zugverhalten zu verändern. Die meisten

Weißstörche fliegen in der zweiten Augusthälfte nach Süden. Vorher kann man sie in der Uckermark in großen Gruppen beobachten, bis zu einhundert von ihnen habe ich schon auf einer sumpfigen Wiese versammelt gesehen. Die Alten fliegen zuerst, ein, zwei Wochen später folgen die Jungen, die man an den noch dunklen Schnäbeln und Beinen erkennt. Die Elbe bezeichnet offenbar eine Grenze für die abziehenden Störche, denn die Vögel, die östlich der Elbe brüten, ziehen über das östliche Mittelmeer und Israel nach Ostafrika, während die Störche, die westlich der Elbe brüten, nach Spanien und Westafrika fliegen. So kann es sein, dass Weißstörche, die nur wenige Kilometer voneinander entfernt gebrütet haben, weit auseinanderstreben, der eine nach Ost-, der andere nach Westafrika. Aber es scheint so zu sein, dass immer mehr Weißstörche Europa gar nicht mehr verlassen und in Spanien oder auch Polen überwintern. In der Uckermark habe ich allerdings noch keinen Storch im Schnee gesehen – im Gegensatz zu den vielen jetzt hier überwinternden Kranichen.

Eine Flussseeschwalbe folgt dem Fluss stromabwärts, ich bewundere ihren leichten Flug, und ich höre aus dem Schilf das laute, immer etwas empört wirkende Krächzen und Knarren des Drosselrohrsängers. In Jarmen ist ein hoher, stillgelegter Speicher zur Zuflucht der Mehlschwalben geworden. Die Luft über dem Fluss ist voll von ihnen, ihre weißen Bäuche blitzen bei plötzlichen Wendungen auf, und da es so viele sind, wirkt das wie ein wirres Flimmern. Da ganz oben, bestimmt zwanzig Meter hoch, unter dem Dachfirst, reihen sich die Nester aneinander wie zusammengeklebt. Überall gucken die Kleinen aus den Eingangslöchern der weißlichen Nester heraus, erwartungsvoll, während die Eltern unablässig über dem Wasser Insekten jagen, um dann zurückzustürzen und zu füttern. Ihre schrillen Schreie bilden die Hintergrundmusik. Ich lasse das Kanu treiben, um mir das genauer anzusehen.

Als ich weiterfahre, fällt mir auf, wie regelmäßig der Bewuchs der Ufer ist, das Schilf bis zu einer gewissen Höhe grün und weit darüber hinausragend die braungelben Halme mit ihren Federblättern an der Spitze, gekämmt vom Wind. Aus dem Schilf höre ich die monotone Stimme des Rohrschwirls, und dann auf einmal von beiden Seiten das wohltönende, oft klare und manchmal zwirbelnde Lied des Sumpfrohrsängers.

Mit jeder Biegung eröffnet sich dem Auge ein neuer Blick, eine neue Landschaft, durch die man dann geräuschlos hindurchgleitet, unterstützt von der gemächlichen Strömung, die einen dorthin trägt, wohin man will. Ich fahre bis Stolp, einem alten geschichtsträchtigen Ort, denn hier hat im 12. Jahrhundert Otto von Bamberg ein Kloster gegründet, von dem auch noch Reste zu besichtigen sind. Von hier aus fließt die Peene noch einige Kilometer bis zu ihrer Mündung im »Peener Strom« bei Anklam, und dieser Peener Strom ist schon Teil der Ostsee. In Stolp will ich übernachten, um dann am nächsten Tag wieder zum Kummerower See zurückzupaddeln – durch diese wunderbare Landschaft mit ihren Vögeln.

Mitte August des Sommers ’18 war ich wieder am Kummerower See und auf dem Damm zwischen Kützenhofen und Verchen unterwegs – jetzt trockenen Fußes, denn die große Dürre dieses Sommers hatte dafür gesorgt, dass der Wasserstand auch hier in den Sümpfen gesunken war. Noch immer war auf dem Wasser eine Menge los: Viele Schnatterenten und Graugänse, ein Bekassine flog plötzlich aus dem Schilf auf, Dutzende Graureiher mit ihren flüggen Jungen standen auf einem flachen Streifen Grases reglos und ernst herum wie Priester im Ornat. Ein paar Schritte weiter hatten sich Silberreiher in noch größerer Zahl versammelt, ihr Federkleid strahlend weiß in der Sonne. Ein Seeadler kreiste über uns, und in der höchsten Spitze eines toten Baumes saß regungslos wie ein Standbild ein

Fischadler. Zwei Flussseeschwalben verscheuchten mit schneidenden Schreien eine Rohrweihe.

Und ein paar der Weißbartseeschwalben waren noch da, späte Brüter anscheinend, denn sie versorgten ihre flüggen Jungen. Eine flog in den sich am Ufer ausbreitenden Algenteppich und pickte etwas heraus – ein Insekt oder einen kleinen Frosch. Sie flog mit der Beute im Schnabel dicht über die Wasseroberfläche, tunkte sie mehrmals ein, vielleicht um sie zu waschen, und brachte sie dann einem ihrer auf dem Wasser schwimmenden Jungen. Das nahm den Frosch oder was immer es war entgegen, tunkte ihn noch einmal ins Wasser und flog dann auf, um ihn im Flug zu verschlingen. Diesen Vorgang beobachtete ich mehrmals hintereinander, bis ich beide, Mutter und Jungvogel, aus den Augen verlor. Dann ging ich in der Hitze den Damm entlang bis zu seinem Ende, kehrte um und ging wieder zurück. Es ist erstaunlich, was man hier auch Ende August noch sehen kann. Dieser Damm ist ein magischer Ort, und das ganze Niedermoor von Peene und Trebel ein Ereignis für den Vogelbeobachter.

Es gibt im Buddhismus einen Ausspruch, der sich den Fluss als Sinnbild sucht: »Unaufhörlich strömt der Fluss dahin, doch sein Wasser ist nie dasselbe.« Und bei uns sagt ein altes Sprichwort, man steige nie zweimal in denselben Fluss, was so ziemlich dieselbe Aussage ist. Auf die Peene trifft beides nicht ganz zu. Sie ist im Schnitt etwa dreißig Meter breit, drei Meter tief, und sie hat ein sehr geringes Gefälle, fließt also recht träge vom Kummerower See nach Osten auf ihre Mündung in den Peene-Strom und die Ostsee zu. Wenn aber ein steifer Nordost das Wasser der Ostsee in das Haff drückt, kann es passieren, dass die Peene in die entgegengesetzte Richtung fließt, nämlich nach Westen, in den Kummerower See zurück. Hier kann es also durchaus sein, dass man zweimal in denselben Fluss steigt.

X

DIE INSEL

Helgoland

Will man sich in den Flug der Vögel »einfühlen«, wie Rilke gesagt hat, ist Helgoland ein guter Ort. Steigt man die Treppen zum Oberland hinauf und folgt dann dem Weg an der Klippe entlang zum Nordhorn, sieht man die Basstölpel unter oder neben sich ruhig dahinschweben, man blickt auf die Flugbahn der Eissturmvögel hinunter, die mit ein paar schnellen Flügelschlägen Schwung aufnehmen und dann dahingleiten wie Albatrosse, und auf den angestrengten, schnurgeraden Flug der Trottellummen, die ihre im Verhältnis zum Körper kleinen Flügel ständig bewegen müssen, um voranzukommen, und wenn man Glück hat, sieht man ab und zu einen Tordalk, der ähnlich zielbewusst dahinschießt wie die Trottellummen. Oder man folgt mit dem Glas dem graziösen, gewandten Flug einer Dreizehenmöwe. Diese Vögel gibt es in Deutschland nur hier, an den Klippen dieser weit draußen im Meer liegenden Insel, und ein solches Erlebnis des Fluges kann man in Deutschland, glaube ich, auch nur hier genießen. Ich bin im Westen Irlands an Klippen entlanggegangen und auch in Schottland, aber bei uns gibt es so etwas nur in Helgoland. Von oben sieht man den Luftraum, den die Vögel bewohnen, ganz anders, man kann den Flug der

Vögel besser studieren, intensiver erleben, als wenn man am Strand oder in der Ebene dahingeht und hinaufsieht.

Wenn man nach Helgoland fährt, sollte man auf jeden Fall das Schiff nehmen, vom Hamburger Hafen oder von Cuxhaven aus, um auf der Fahrt schon die ersten Vögel zu beobachten und zu sehen, wie sich die Insel langsam aus dem Meer erhebt. Sie erhob sich auch geologisch einst aus der Tiefe. Unter der Insel liegt ein gewaltiger Salzrücken, auf dem sich Sedimente anlagerten, die so umfangreich wurden, dass schließlich an manchen Stellen der Druck nach oben entwich und das Land sich aufwölbte. So wurden die Sandsteinfelsen von Helgoland nach oben gedrückt. Das, was man jetzt als Insel erlebt, lag einst auf einer weiten Landzunge, welligem Moränenland, das sich bis ins Meer erstreckte. Noch vor elftausend Jahren war das, was jetzt Doggerbank genannt wird, Festland mit einem aufragenden Felsmassiv. Als das Wasser im Laufe der nächsten viertausend Jahre unerbittlich stieg, blieb das Sandsteinmassiv schließlich als Insel übrig, und wie die meisten Geologen vermuten, zunächst als eine von vielen – das Land versank ja nur allmählich. Zwischen den Inseln kann es durchaus Verkehr gegeben haben, denn das, was jetzt Helgoland heißt, war schon in der mittleren Steinzeit besiedelt. Aber ringsum stieg der Meeresspiegel immer weiter, die übrigen Inseln versanken, und nur die hohen Kalksteinklippen von Helgoland und ihr Vorland ragten noch aus dem Wasser.

Der Name der Insel ist umstritten. Einige Forscher meinen, dass Heligoland, so die alte Schreibung, einfach »Hohes Land« hieß, was ja auch einleuchtend wäre. Andere meinen, es hieße »Heiliges Land«. Wenn man mit dem Schiff auf Helgoland zufährt, kann man sich sehr gut vorstellen, dass da, wo jetzt Wasser ist, einmal Land war, dann ein Gewirr von Inseln und schließlich nur noch das Meer. Und man muss natürlich daran denken, dass auch in unserer Zeit die Ozeane ansteigen, nur sehr viel schneller als damals, und dass es wieder zu einem Untergang von Inseln und Küsten kommen kann, wahrscheinlich in weit größerem Ausmaß als damals.

»Basstölpel« ist für einen so eleganten Vogel ein seltsamer Name. Er verweist im ersten Teil auf die Tatsache, dass die Vögel seit Langem in großer Zahl auf der Felseninsel Bass vor der schottischen Küste brüten. Den zweiten Teil des Namens schulden sie dem Umstand, dass sie den Menschen dicht an sich herankommen lassen, was im Zeitalter der Vogeljagd als unverständlich und dumm betrachtet wurde, tölpelhaft. Die zutraulichen Vögel wurden massenhaft erschlagen, sodass der Bestand sich bis zur Jahrhundertwende 1900 alarmierend vermindert hatte. Erst durch Schutzmaßnahmen stieg er im 20. Jahrhundert langsam wieder an. Wenn man den alten Zahlen glauben kann, gab es 1894 nur noch 83.000 Basstölpel weltweit. Man nimmt an, dass die Gesamtpopulation inzwischen wieder auf 200.000 bis 250.000 dieser majestätischen Vögel gestiegen ist. Die Basstölpel haben Helgoland erst Anfang der neunziger Jahre entdeckt, und sicher hat der Zuwachs der Population zu dieser neuen Besiedlung geführt. In ihren herkömmlichen Kolonien wurde es zu eng, worauf die jungen Vögel sich eine neue Heimat gesucht haben: Helgoland.

Jetzt ist der obere Teil der »Langen Anna«, eines schlanken Turms aus Buntsandstein, fast ganz weiß – über und über bedeckt von diesen schönen Vögeln, die dort rasten und brüten. Hunderte von ihnen kreisen um den Felsen, die Luft ist noch in weiter Entfernung voll von ihnen, aber dieses Zentrum hält sie, sie umkreisen es ständig, und sie kehren immer wieder dorthin zurück. Fischen sah ich sie nicht – offenbar tun sie das weiter entfernt. Die Lange Anna ist bis zu zwei Dritteln ihrer Höhe braun und rotbraun, im oberen Teil, dem Hut, rosarot mit weißlichen Zwischenlagen aus Feinsandstein, schräg verlaufenden Streifen. Diese Farben mit den davor kreisenden weißen Vögeln sind im Sonnenlicht ein fantastischer Anblick.

Die Basstölpel suchen diese isolierten Felstürme und Klippen im Meer, aber sie brüten auch auf dem Festland, wenn sie unzugängliche Klippen direkt an der Küste über der See finden können. Für ihre Nester brauchen sie kleine Plateaus oder Ränder, mindestens zehn Meter über der Brandung und bis zu zweihundert Metern ansteigend. Als Unterlage des Nestes dienen ein paar Algen. Sie sind sehr ortstreu, und wenn es möglich ist, kehren sie zum Nest des Vorjahres zurück und verstärken es. Dadurch bauen sich manche der Nester höher auf, wir sahen einige, die über eine Handbreit hoch waren.

Wie die Albatrosse werden die Basstölpel erst im Laufe der ersten vier bis sechs Lebensjahre weiß, vorher sind sie schwarzweiß gefleckt, was spektakulär aussieht, wenn sie mit hörbarem Luftzug dicht an einem vorüberziehen. Im ersten Jahr sind sie noch ganz dunkel, nur kleine weiße Flecken punktieren das schwarze Gefieder, Bürzel und Bauch sind weißlich. Im zweiten Jahr dann tauchen größere weiße Bereiche auf, vor allem auf dem Rücken und an den Handschwingen. Erst im fünften Jahr sind sie ganz weiß, nur die schwarzen Spitzen der Flügel bleiben ihnen, und bei dunklem Himmel kann es einem vorkommen, als sähe man ein strahlendes weißes Kreuz dahinfliegen, weil die schwarzen, spitz auslaufenden Flügelenden im Dunkelgrau des Himmels verschwinden. Sie sind großartige Segler und nutzen die Aufwinde vor der Klippe so geschickt, dass es aussieht, als würden sie geradezu nach oben gesogen – ohne einen Flügelschlag. Wenn sie sich vom Nestplatz erheben, breiten sie nur die langen schmalen Schwingen aus und werden sofort in die Luft gehoben.

Auch hier lassen die Basstölpel Menschen dicht an sich heran, und von oben sieht man gut, dass sie am Kopf und im Nacken strohgelb sind, eine Tönung, die im Laufe des Jahres nachlässt, bis sie im Herbst ganz weiß wirken. Wenn sie auf ihrem Nistplatz auf der Klippe landen wollen, drücken sie den Rücken durch, sodass Brust und Kopf ebenso nach oben gereckt werden wie der Schwanz – sie scheinen einen Moment in der Luft zu stehen, treiben auf ihren Platz zu, auf den sie sich dann mit einer schnellen kleinen Bewegung – es ist wie ein Sprung nach unten – fallen lassen. Auf den Felsen sitzen sie sehr dicht beieinander, und wie bei allen Kolonievögeln gibt es unter ihnen viel Streit. Sie machen sich mit einem schnurrenden und schnaubenden Laut Luft, einem Geräusch, das ständig zu hören ist, wenn man dort sitzt und sie beobachtet. Es ist ein stetes, fast gemütliches Gemurre.

Die Basstölpel sind dramatische Stoßtaucher, die sich aus bis zu vierzig Metern Höhe ins Wasser stürzen. Kopf, Schnabel und Gestalt sind von der Evolution für diese Form der Jagd gemacht. Alles an Kopf und Körper läuft auf den langen Schnabel zu, der eine breite Basis hat und dann wie ein Speer spitz ausläuft. Dieser Schnabel ist es natürlich, der zuerst ins Wasser taucht, und es ist offensichtlich, dass er die Aufgabe hat, den gewaltigen Aufprall auf die Wasseroberfläche so verträglich wie möglich zu machen. Die blaugrauen Augen sind klein und widerstandsfähig, von einer begrenzten schwarzen Fläche umgeben und eingerahmt von klaren schwarzen Linien. Dieser Vogel, das sieht man sofort, ist ein großer Jäger.

Die Gannets, so heißen sie im Englischen, brüten an den Küsten Norwegens, Schottlands, Englands und Irlands und auch auf Island, meist auf vorgelagerten Inseln – wie Helgoland. Auch vor der Atlantikküste Frankreichs, im Ärmelkanal, gibt es drei Inseln, wo sie in großer Zahl brüten. Eine von ihnen habe ich besucht. Als das Schiff sich der unbewohnten Insel langsam näherte, wirkte es aus der Entfernung, als wäre sie von einem weißen, wirbelnden Nebel umgeben. Es waren die kreisenden Basstölpel, die zu sehen waren, lange bevor man die Insel selbst erkannte. Seit den Vierzigerjahren des letzten Jahrhunderts brüten sie dort. Sie bestreichen die ganze Nordsee und den nördlichen Atlantik bis hinauf nach Island und Nordnorwegen, doch sie fliegen auch zum Mittelmeer und wurden dort vorwiegend im Westen, aber auch vereinzelt ganz im Osten vor der Küste Ägyptens gesichtet. Sie sind rastlose Reisende, und bei ihrem Flugvermögen zählen Entfernungen nicht. Im Winter bleiben viele Basstölpel im Nordatlantik, andere aber, besonders die Jungvögel, ziehen nach Süden, an die westliche Küste Afrikas.

Sie sind die größten Seevögel in unseren Breiten – die so selten auftauchenden Albatrosse nicht berücksichtigt –, und ihre Schwingen haben eine Spannweite, die einen Meter achtzig erreichen kann. Das ist nur etwa die Hälfte der Spannweite des Wanderalbatros, aber immer noch viel, und die Basstölpel ähneln in ihrem Flugverhalten auch den Albatrossen. Was sie am deutlichsten von ihnen unterscheidet, ist zugleich das Spektakulärste an ihnen: die Sturzflüge ins Wasser. Wenn sie einen Herings- oder Dorschschwarm entdeckt haben, stürzen sie sich auf einer angeschrägten Bahn ins Wasser hinab. Vor der Westküste Irlands konnte ich das mehrfach aus der Nähe beobachten. Die Flügel werden eingezogen, und der ganze Vogel scheint sich in einen Keil zu verwandeln, der blitzartig im Wasser einschlägt. Bis zu fünfundzwanzig Meter tief können sie eintauchen und bleiben dann manchmal zwanzig Sekunden unter Wasser. Hin und wieder fangen sie den Fisch erst, wenn sie wieder aufsteigen. Meistens schnappen sie sich kleinere Fische, die sie dann an der Oberfläche schlucken, aber ich habe auch gesehen, wie sie Fische von stattlicher Größe mühsam herunterwürgten. Es heißt, dass sie bis zu 30 cm lange Fische verschlingen können. Wenn sie Junge haben, würgen sie am Nest die Beute in Teilen wieder aus, um damit den Nachwuchs zu füttern. Dreimal am Tag etwa, so hat man beobachtet, kehren sie zum Nest zurück.

Es ist ein faszinierendes Bild, wenn vierzig oder fünfzig Basstölpel sich mit heiseren Rufen immer wieder wie niedergehende weiße Keile ins Wasser stürzen. Das laute Klatschen des Einschlags ist weithin zu hören, und wenn so viele von ihnen fischen, ist es ein kontinuierliches Geräusch. Die Flügel bleiben im Sturzflug ausgebreitet, erst etwa zwei, drei Meter über der Wasseroberfläche werden sie eingezogen. Die Geschwindigkeit, mit der sie herabstoßen, ist enorm. Wenn sie einen großen Schwarm gefunden haben, zieht der Erfolg immer mehr von ihnen an, sodass das schwarz-weiße Gewirr der Schwingen dichter wird, das aufgeregte Geschrei und das Klatschen des Aufpralls lauter, bis der Fischschwarm sich weg bewegt, um sich schließlich mit den niederstoßenden Basstölpeln auf dem Meer zu verlieren. Die großen Vögel nehmen aber auch Nahrung an der Oberfläche schwimmend auf, sie schwimmen gut und schnell, und sie können auch aus dem Schwimmen heraus tauchen wie eine Ente.

Es ist eine Freude zu sehen, dass sie sich auf Helgoland so wohl fühlen. Längst hat sich das Brutgebiet von der Langen Anna auf die benachbarten Klippen ausgedehnt, wo sich die Basstölpel das geringe Platzangebot mit den Trottellummen, Eissturmvögeln und Tordalken teilen. Man hört das unablässige Schnurren oder Fauchen, das sie von sich geben – es klingt wie ein ständig wiederholtes »urr« oder »urra«, aber wie in Vogelkolonien so üblich, gibt es andauernd Streit um die engen Plätze, und wenn zwei Basstölpel sich bekämpfen, sind sie nicht nur durch den Rivalen gefährdet, sondern auch durch die Nachbarn in der Umgebung, die ihrerseits jede Überschreitung ihres kleinen Gebiets mit dem Zustechen ihres scharfen Schnabels ahnden. Manchmal geht der Kampf in der Luft weiter. Ich sah zwei Basstölpel, die sich mit ihren Schnäbeln ineinander verhakt hatten, sich zum Wasser niedersinken ließen und dann gemeinsam wieder aufstiegen, immer noch erbittert kämpfend.

Dann ließen sie voneinander ab, zogen in unterschiedlichem Winkel mit einer weiten Kurve aufs Meer hinaus. Vielleicht war ihnen eingefallen, dass es doch sinnvoller war, Nahrung heranzuschaffen, als miteinander zu kämpfen.

In den Kolonien kann man auch sehen, wie sehr der im Meer schwimmende Plastikabfall der Vogelwelt zu schaffen macht. Wie gehenkt hingen mehrere tote Basstölpel an Plastikschnüren in den Felsen – sie hatten sich anscheinend nicht mehr befreien können, waren aber noch in ihre Kolonie zurückgekehrt.

Wenn man die massenhaft auf den Klippen von Helgoland sitzenden Trottellummen studiert, kann man, wenn man Glück hat, auf ein oder zwei Tordalke stoßen. Aus der Entfernung sind sie nicht leicht von den Trottellummen zu unterscheiden, sie sind von ähnlicher Größe, und auch sie bieten das gewohnte schwarzweiße Bild. Schnabel und Kopf sind kräftiger als bei den Trottellummen, Körper und Flügel etwas kleiner. Ihr ungewöhnlicher Schnabel macht sie zu einer spektakulären Erscheinung, denn er ist tiefer und eckiger als der elegante, spitze Schnabel der Trottellumme. Im Englischen werden sie »Razorbill« genannt, weil der Schnabel ein wenig dem Rasiermesser ähnelt, das Barbiere früher gebrauchten. Was dem Tordalk aber zu seinem besonderen Aussehen verhilft, ist eine klar sichtbare weiße Linie vom Augenwinkel den Schnabel entlang bis zum Ansatz des Nagels – das ist die Oberfläche der Schnabelspitze. Im Prachtkleid ist diese Linie strahlend weiß. Dort wo die weiße Spur endet, schließt sich im rechten Winkel eine gebrochene helle Linie an, die den Schnabel von oben nach unten durchschneidet, über beide Kiefer hinweg. Es war eine große Freude für mich, diesen seltenen Vogel auf Helgoland zu entdecken. Hier brüten nur einige wenige Paare, die sich immer etwas abseits halten von den Mengen der Trottellummen.

Im Spektiv hatte ich ein Pärchen Tordalke vor dem Rostbraun der Klippe eingefangen, und es war ein wunderbares Bild. Als Vogelbeobachter ist man wahrscheinlich, ohne dass man es sich ganz bewusst macht, immer auf der Suche nach solchen Bildern, die sich einem tief einprägen. So erinnerten mich die Tordalke vor der roten Kalksteinwand an die prachtvollen Bienenfresser in Südafrika, die ich in großer Zahl an einem Steilhang aus rotem Lehm gesehen hatte. Es sind erlebte Bilder, und natürlich hat weder die Fotografie noch das Gemälde die Kraft, an ihre Stelle zu treten. Es geht ja nicht nur um die Optik, es geht um die Laute der Vögel, um den Wind, um das entfernte, leise Rauschen der Brandung, um den steingrauen Himmel und nicht zuletzt um die Vergänglichkeit eines solchen Anblicks. Jeden Augenblick kann sich einer der Tordalke – oder gleich beide – davonmachen. Kein Fotoalbum, kein Bild an der Wand, kein Film wird diesen Eindruck später wachrufen können, allein die Erinnerung ist dazu in der Lage. Und je tiefer sich ein solches Erleben einbrennt, umso lebhafter ist später die Erinnerung, umso intensiver die Bereicherung durch diesen kurzen Augenblick.

Auch jetzt, während ich dies schreibe, sehe ich die Tordalke vor mir, so lebensvoll und schön – mit dem leuchtend weißen Streifen am Schnabel. Schließlich strich einer von ihnen davon, ich folgte ihm mit dem Glas. Er flog wie an der Schnur gezogen aufs Meer hinaus, mehrere Hundert Meter weit, schätze ich, um dann auf die Oberfläche geradezu aufzuschlagen und sofort einzutauchen – alles in einer Bewegung. Er musste dort schon im Flug irgendetwas gesehen haben, wahrscheinlich einen Schwarm kleiner Fische.

Die Tordalke sind die engsten Verwandten des ausgestorbenen Riesenalks, der wie die Tordalke auf beiden Seiten des Nordatlantiks lebte. Der Riesenalk war flugunfähig, er brütete auf Island, in Schottland und wahrscheinlich auf den Färöer

Inseln. In Nordamerika gab es Kolonien vor allem in Neufundland. 1844 wurde das letzte bekannte Paar auf Island erschlagen. Die Vögel wurden wegen ihres Fleisches gejagt, aber auch, weil man Tran aus ihnen gewann, und schließlich wollten noch Sammler die letzten Exemplare haben, um sie ausstopfen zu lassen. Die übliche Tragödie so vieler vom Menschen ausgerotteter Tiere.

Warum hat der Tordalk, der ansonsten im Verhalten und in der Nahrungssuche, im Aussehen und in der Brut so viele Ähnlichkeiten mit der Trottellumme hat, einen so ausgefallenen Schnabel? Man hat beobachtet, dass Tordalke mehrere Fische auf einmal fangen können, einmal hat man im Schnabel eines Tordalks mehr als fünfzehn Sandwürmer gezählt. Vielleicht hat die eigenartige Schnabelform etwas damit zu tun. Genau weiß es natürlich niemand, aber dieser Schnabel ist auf jeden Fall nützlich und prachtvoll zugleich.

Die Franzosen nennen den Tordalk »Petit Penguin«, und überhaupt werden die Lummen und Alke oft als nördliche Gegenstücke der Pinguine genannt, aber die Unterschiede in der Anatomie sind groß, verwandt sind die Vögel nicht. Doch es sind beides Vögel, die sich der See hervorragend angepasst haben, die von Fisch und anderem Meeresgetier leben und unter Wasser mit den Flügeln schwimmen und mit den Füßen steuern.

Auch die Dreizehenmöwe sieht man in Deutschland nur auf Helgoland. Sie zählt zu den kleineren Möwen und hat eine Flügelspanne von etwa einem Meter, was ungefähr der Größe der Lachmöwe entspricht. Sie ist am Kopf, Hals und oberen Rücken weiß, der untere Rücken und die Schwingen sind von oben gesehen ein helles Aschgrau, der leicht gegabelte Schwanz ist weiß, der Schnabel gelb. Am besten zu erkennen ist die Dreizehenmöwe an den schwarzen Beinen, am schwarzen Dreieck an den Flügelspitzen und natürlich an ihrem Schrei, der ihr im Englischen den Namen gegeben hat: »kittiwake« – im Deutschen vielleicht am ehesten mit »Kirriwää« wiederzugeben. In der Kolonie, wie hier auf Helgoland, ist sie sehr ruffreudig, ansonsten, wenn sie allein ist, eher still. Wenn man sie von unten sieht, ist sie ganz weiß, nur die schwarzen Flügelspitzen und die schwarzen Beine heben sich deutlich ab, ein Dreieck aus schwarzen Tupfern.

Sie ist am Lummenfelsen eher auf den »unteren Etagen« zu finden, während die Trottellummen und Tölpel weiter oben wohnen. Wenn die Dreizehenmöwe nicht brütet, ist sie pelagisch, das heißt, sie lebt weit draußen auf dem Meer und kommt nur selten an Land. Sie ist allerdings ein sehr leichter Vogel, und wenn es stürmisch wird, sucht sie Zuflucht an Land. Ich habe vor Jahren einmal nach einem Sturm, der zwei Tage und eine Nacht anhielt, eine kleine Gruppe von Dreizehenmöwen erschöpft in den Dünen von Langeoog ausruhen sehen.

Ihr Flug ist leicht und gewandt – es ist ein Vergnügen, sie hier herumgaukeln zu sehen, fast wie eine Seeschwalbe. Mit dem Eissturmvogel streitet sie sich manchmal um den Nistplatz auf den Felsvorsprüngen – offenbar besetzen die Dreizehenmöwen die Plätze der Eissturmvögel, wenn die länger abwesend sind, und dann ist es für die Eissturmvögel schwer, sie wieder zu vertreiben, obwohl sie größer sind und mit ihrem breiten Nacken und großem Kopf kräftiger erscheinen.

Seit den Siebzigerjahren des letzten Jahrhunderts brüten die Eissturmvögel hier. Sie besetzen auch größere Höhen, in Norwegen angeblich bis zu tausend Metern, aber hier auf Helgoland sind die oberen Ränge längst an die Trottellummen und die Basstölpel vergeben. Sie verteidigen sich auf originelle Weise, indem sie stinkendes Magenöl spucken. Daher stammt auch ihr englischer Name: »fulmar«. Der ist aus dem Isländischen abgeleitet, wo der Vogel »full marr« heißt, stinkende Möwe.

Der dicke Röhrenschnabel ist gelbgrün, die Röhren selbst sind meist dunkler, Kopf und Nacken weiß, die langen Schwingen zeigen ein schönes, in vielen Abtönungen geflecktes Grau, von Silber bis Graubraun, das zu den Flügelspitzen hin dunkler verläuft. Der Bürzel und der kurze, breite Schwanz sind ebenfalls grau, aber heller als der Rücken. Typisch ist der Flug des Eissturmvogels: Knapp über den Wellen streicht er mit starren Schwingen schnell dahin, mal ein wenig Höhe gewinnend, dann wieder in Wellentälern verschwindend. Vor der Felswand zeigt er bei kräftigem Wind sein ganzes Können, wenn er sich plötzlich in die Bö dreht und praktisch in der Luft stehen bleibt, um dann zur Seite oder nach unten wegzuschießen. Wenn man diese untersetzte Gestalt mit unbewegten Flügeln dahinstreichen sieht, kann man den Eissturmvogel kaum verwechseln.

Der Eissturmvogel ist eigentlich kein echter Zugvogel, aber er ist ein großer Wanderer. Die älteren Vögel bleiben meist in der Nähe ihrer Kolonien. Es sind die Jungen, die weit nach Süden ziehen, wenn sie im August oder September flügge werden. Die im Nordatlantik lebenden Eissturmvögel durchstreifen den gesamten Ozean, von den europäischen Küsten über Island und Grönland bis zu den Küsten Nordamerikas. Man kann sich vorstellen, zu welchen unglaublichen fliegerischen Leistungen der Eissturmvogel imstande ist, wenn man ihn sieht, wie er knapp über den Wogenkämmen dahinstreicht, mit steifen Flügeln, im Bund mit dem Wind. Er hat entfernte Verwandte, die Sturmtaucher, die im Englischen »shearwater« genannt werden. Der Name bedeutet, sie streifen die Wogenkämme. In seinem verwegenen Flug ist auch der Eissturmvogel ein »shearwater«.

Ich war mit einem Freund nach Helgoland gefahren, um den sogenannten »Lummensprung« zu erleben, der dort gegen

Ende Juni zu sehen ist. Die jungen Trottellummen, die noch nicht fliegen können, springen von ihrer Klippe hinunter ins Meer oder auf den Strand. Das geschieht an ruhigen, windstillen Abenden in der Dämmerung. Windstill muss es sein, damit die kleinen grauen, wie Wollknäuel wirkenden Küken nicht gegen die Klippen geworfen werden, und es passiert wohl deshalb am Abend, weil die bald eintretende Dunkelheit die Jungen dann auf dem Wasser vor den räuberischen Silbermöwen schützt. Weiter im Norden, wo es noch später dunkel wird – etwa auf dem schwedischen Gotland –, springen sie bis Mitternacht.

Für die Trottellummen ist es auf die Dauer schwierig, das Junge ausreichend zu ernähren. Wenn die Fischgründe weiter entfernt sind, müssen sie die Nahrung – den Fisch – über eine lange Flugstrecke zum Nest bringen, und sie sind keine guten Flieger. Daher ist es für die Eltern, in diesem Fall ist es der Vater, leichter, das Junge mit dahin zu nehmen, wo die Nahrung ist, aufs Meer, anstatt die Nahrung zum Jungen auf den Lummenfelsen zu bringen. So hat sich wahrscheinlich der unglaubliche Sprung der kleinen Trottellummen in die Tiefe entwickelt.

Wir saßen mit Ferngläsern und Spektiv vor der ins Meer hinausweisenden, steilen Klippe und warteten geduldig. Die Voraussetzungen waren gut. Der Himmel war steingrau, und das ruhige Meer spiegelte die Farbe, sodass Meer und Himmel in der Ferne wie in einem Aquarell ineinanderliefen, ein Horizont war nicht mehr zu erkennen. Der Wind, der tagsüber kräftig gewesen war, hatte sich gelegt und schwieg nun ganz. Die schwarz-weißen Trottellummen saßen dicht gedrängt auf ihren winzigen Felsvorsprüngen vor der jetzt in der Abenddämmerung dunkelroten und braunen Wand aus Sandstein – es wirkte wie ein abstraktes Gemälde. In Wirklichkeit, das sieht man bei gutem Licht, sind sie an Rücken, Kopf und Kehle eher dunkelbraun, aber meist wirken diese Bereiche schwarz. Auf ihren Felsen lassen sie sich auf den ganzen Lauf nieder, das heißt, sie beugen das Bein nach vorn und sitzen auf dem, was wir beim Menschen Unterschenkel nennen würden, auf dem Tarsus. Durch die lange Auflage gewinnen sie die Stabilität, die sie auf den unregelmäßigen Klippenvorsprüngen und Simsen auch gut gebrauchen können. Zum Teil brüten sie so dicht nebeneinander, dass benachbarte Vögel sich berühren. Die Nähe bedeutet Sicherheit, denn eine Silbermöwe wird sich nicht so leicht in diese dicht besiedelte Kolonie wagen. Einzeln brütende Vögel haben es schwerer, ihr Ei oder ihr Junges vor Angriffen zu schützen.

Schwimmende und fliegende Trottellummen wirken etwas untersetzt und plump, aber wenn sie sich hier auf den Klippen aufrichten, den Hals ausgestreckt, haben sie eine geradezu elegante schlanke Silhouette, der Schnabel lang und spitz auslaufend. Im Flug bilden sie einen deutlichen Gegensatz zu den leicht dahinsegelnden Basstölpeln. Sie fliegen mit schnellem, unablässigem Flügelschlag geradeaus, sehr zielbewusst, man kann kaum glauben, dass die kurzen schmalen Flügel diesen kräftigen Körper in der Luft halten können, sie schnurren nur so dahin.

Das tiefe, »bauchrednerische« Gurren der Lummen erfüllte die Luft, schlug ab und an in stakkatoartig gereihte Schreie um: »ahr, aaahr, ahr«. Dass sich etwas anbahnte, erkannte man daran, dass die Küken, die sich vorher dicht an der Klippenwand aufgehalten hatten – sie waren kaum sichtbar gewesen –, auf einmal umherwanderten und bis an den Rand des Simses gingen. Auch an der Aufregung der Alten, die sie zur Absprungkante führten, war ersichtlich, dass einige der Jungen gleich »springen« würden. Ein Altvogel schien sich an der Kante immer wieder vor einem Kleinen zu verbeugen, duckte wiederholt den Kopf, berührte auch mit dem Schnabel den Kopf des

Kükens. Dieses antwortete den Rufen des Vaters mit einem hellen wiederholten »pliiiü, pliiiü«.

Der »Sprungruf«, der das Küken schließlich dazu bringt, sich in die Tiefe fallen zu lassen, ist ein etwa acht Sekunden langes, tiefes Knurren, ein kehliger Laut, der in ein rasselndes, immer schriller werdendes Crescendo übergeht. Man glaubt, die ungeheure Aufregung des Vogels herauszuhören, ein Äußerstes an Emotion: »Jetzt. Jetzt. Spring jetzt. Du musst jetzt springen!« Und das Junge »springt« – man erkennt nicht wirklich, was es tut, ob es einen Schritt macht oder sich einfach fallen lässt –, man sieht es fallen, mit den ausgestreckten Füßen zuerst, die winzigen Flügel gestreckt.

Der Sims, von dem die Jungen abspringen, kann sich hier auf Helgoland durchaus in dreißig bis vierzig Meter Höhe befinden. Es gibt Berichte aus Norwegen, dass so ein Sprung auch aus hundertfünfzig Meter Höhe ausgeführt wird. Es ist also ein langer, wenn auch relativ langsamer Sturz für die Kleinen, die so leicht sind, dass der Luftwiderstand sie abbremst, wobei die ausgestreckten Stummelflügel und die Füße ein wenig helfen.

Ich sah auch Junge, die nicht ins Wasser fielen, sondern auf das Felswatt am Fuß der Klippe. Sie prallten auf und blieben dann kurz liegen, aber auch diese harte Landung schien ihnen nicht viel auszumachen. Wie magisch angezogen von den Lockrufen des Vaters rappelten sie sich auf und liefen sofort zum rettenden Wasser. Beides, der Sprung und dann der schnelle Lauf ins Wasser, ist ein zutiefst rührender Anblick.

Wie wir am nächsten Tag in der Vogelwarte erfuhren, waren am Vorabend vierundsechzig Küken gesprungen, und alle hatten den Sturz überlebt. Nicht an dem Abend, als wir den Sprung beobachteten, aber offenbar an anderen Abenden hatten Mitarbeiter der Vogelwarte die Jungen, die auf den Strand gefallen waren, eingesammelt, um sie zu beringen. Davon versprechen sie sich, wie sie sagten, wertvolle Informationen, aber wir waren nicht einverstanden. Das ist kein Moment, in dem man den Vogel aufhalten sollte, ganz abgesehen von der Panik des Vaters draußen auf den Wellen.

Früher hat man geglaubt, dass ein Elternteil das Küken über den Rand der Klippe schöbe, aber das ist nach neueren Beobachtungen anscheinend widerlegt. Auch wir sahen nichts davon. Die kleinen Lummen »springen« aus eigenem Antrieb, allerdings immer wieder aufgefordert vom »Sprungruf« des Vaters. Ebenfalls im Gegensatz zu früheren Annahmen ruft er nicht von unten, zumindest ist das nicht das gewöhnliche Muster. Er bleibt neben dem Küken, fliegt auch hinter dem hinabflatternden Wollknäuel her, landet dann in zehn bis zwanzig Meter Entfernung auf dem Wasser und beginnt sofort wieder zu rufen. Die Kleinen antworten unten angekommen mit »pliiü, pliiü« und beeilen sich dann, zu ihm zu schwimmen.

Die Stimme der Trottellummen ist sehr variabel, es gibt eine große Anzahl von Rufen mit verschiedener Bedeutung, vor allem während der Brutzeit. Auf dem Wasser oder im Flug sind sie meist still. Die Rufe sind rau und tief, wie ein Gurren. Im Englischen heißen die Vögel »common murre«, woran sich der Klang schon ablesen lässt. Die Kleinen wiederholen ihre Rufe, auch im Wasser oder unten am Strand, bis sie den ebenfalls unablässig rufenden Vater gefunden haben, der sofort mit dem Küken aufs Meer hinausschwimmt. Man nimmt an, dass die Rufe der Trottellummen so individuell sind, damit Elternvögel und Junge einander an der Stimme erkennen können.

Das Ganze ist ein Drama, und es ist sehr schwer, dazu Distanz zu halten. Bei der Beobachtung ist man mittendrin, man fühlt mit dem Küken, man fühlt mit den Eltern. Wie stark muss der Instinkt dieser jungen Lummen sein, dass sie den Sprung hinunter wagen! Und wie sehr wünscht man ihnen, dass sie den Sturz überstehen und heil aufs Meer hinauskommen. Nicht die Luft ist der Raum der Sicherheit, denn in der Luft streifen die räuberischen Großmöwen umher, sondern das Wasser, wo die Kleinen bei drohenden Gefahren abtauchen können – zusammen mit ihrem Vater. Fliegen können sie noch nicht, aber tauchen! Der Vater behält sie wahrscheinlich auch unter Wasser im Auge, denn man sieht sie fast immer gemeinsam wieder auftauchen.

Die Trottellummen legen jeweils nur ein Ei. Es ist birnenförmig, damit es nicht so leicht von dem Felsensims herunterrollt. Wenn es zerstört oder geraubt wird, legt das Weibchen ein weiteres. Beide Eltern beteiligen sich an der Aufzucht. Wir konnten sehen, wie sorgfältig die Eltern das Ei oder das Junge schützten, wenn sie sich ablösten. Mit ausgestreckten Flügeln beschirmten sie beide das Ei oder das Junge, und der abgelöste Vogel flog erst davon, wenn es sicher geborgen war. Wir wurden auch Zeuge, wie gefährlich die Silbermöwen den Jungen der Lummen werden können. Sie sind immer auf der Suche nach unbewachten Küken, und wir sahen einen dieser großen Räuber mit einer toten Junglumme im Schnabel. Sie brachte die Beute ihrem bräunlich gefleckten Jungen, das auf einer benachbarten Klippe von einer weiteren Silbermöwe bewacht wurde, wahrscheinlich der Mutter. Die beiden warteten schon aufgeregt auf Nahrung.

Wenn es so lange überlebt, stürzt sich das noch nicht flügge Lummenjunge nach etwa drei Wochen in die Tiefe. Während der ersten Wochen auf See wird es vom Vater gefüttert, es dauert immerhin noch einen Monat oder mehr, bis das Junge fliegen kann. Wann es ganz in die Selbstständigkeit entlassen wird, ist, wie so vieles bei den Seevögeln, noch nicht erforscht. Erst im Alter von fünf Jahren beginnt der ausgewachsene Vogel zu brüten.

Es ist oft gesagt worden, dass die Lummen eine gewisse Ähnlichkeit mit den Pinguinen haben. An Land sitzen sie aufrecht und bewegen sich ähnlich den Pinguinen. Beim Tauchen benutzen sie wie diese die Flügel als Flossen – sie »fliegen« also unter Wasser. Aber noch können sie etwas, was die Pinguine längst aufgegeben haben: das Fliegen in der Luft. Allerdings sind sie anatomisch nicht sehr gut darauf eingerichtet, die Schwingen sitzen weit vorne am Körper und sind im Vergleich zum kräftigen Torso recht schmal – es scheint alles mehr auf das Tauchen angelegt zu sein. So hat man unwillkürlich den Eindruck, dass sie es auch nicht gerne tun. Ihr Flug wirkt mühsam, und er ist sicher auch anstrengend. Es kann also sehr gut sein, dass die Lummen auf dem langen evolutionären Pfad unterwegs sind, den die Pinguine schon hinter sich haben, dem von einem Geschöpf der Luft zu einem des Wassers.

Es war inzwischen dunkel geworden, und wir gingen schweigend zu unserem Hotel zurück, in Gedanken immer noch bei den Junglummen, diesen Wollknäueln, denen ihr Instinkt befiehlt, sich in die Tiefe zu stürzen, obwohl sie mit ihren Stummelflügeln vom Fliegen noch weit entfernt sind.

Am nächsten Morgen fuhren wir zurück. Es ist für einen Vogelbeobachter nicht leicht, Helgoland zu verlassen. Auf dieser kleinen Insel hat man das Gefühl, von Festland und Zivilisation weit entfernt zu sein, vor allem wohl, weil man hier Vögel sieht, die man sonst in Deutschland kaum findet. Auch für die Seevögel scheint die Distanz zum Festland ausreichend zu sein, um sich hier anzusiedeln. Zum Glück aber braucht man von Hamburg aus mit dem Schiff nur drei Stunden, um auf diese ornithologische Schatzinsel zu gelangen.

XI
DAS GLÜCK DES ANFANGS

Der Zauber, der in diesem Anfang liegt, ist die Schönheit der Vögel. Wenn man zum ersten Mal mit dem Fernglas einen Gimpel, einen Eisvogel oder auch einen Eichelhäher in den strahlenden Farben ihres Prachtkleides vor sich sieht, ist man wie betäubt. Was ist einem da entgangen! Es öffnet sich eine neue Welt der Empfindung und des Staunens. Und diese Welt ist eine alltägliche, sie umgibt uns. Man muss nur in den Park um die Ecke gehen, um sie zu erleben. Oder im Winter das Futterhaus beobachten, um diese erstaunlichen Kreaturen zu sehen.

Die Wirkung dieses Zaubers ist natürlich umso größer, je jünger man ist. Wenn man in der Kindheit begonnen hat, Vögel zu beobachten, wird man die Gewohnheit nicht so leicht wieder aufgeben. Aus vielen Gesprächen mit Birdwatchern weiß ich, dass die Vogelbeobachtung eine Leidenschaft ist, die im Gegensatz zu vielen anderen Leidenschaften sehr beständig bleibt. Sie scheint einen Menschen, den sie sich ausgesucht hat, nur sehr selten wieder zu verlassen. Birdwatcher erzählen gerne, wie sie dazu gekommen sind, Vögel zu beobachten. Sehr viele von ihnen haben das von Vater oder Mutter übernommen und es deshalb schon als Kind praktiziert. Das gilt besonders für Briten und Amerikaner, unter denen, wie ich schon erwähnt habe, das Vogelbeobachten sehr viel verbreiteter ist als bei uns. Man sagt, dass jeder vierte Engländer sich als »Birder« bezeichnet. Seltsam ist, dass diese Leidenschaft nur den Norden Europas und Amerikas erfasst zu haben scheint. In den südlichen Ländern wie Frankreich, Spanien, Italien, auf dem Balkan und in Griechenland stößt man auf blankes Unverständnis. Und in Malta ist die Tradition der Vogeljagd so stark, dass ich einmal mit der Flinte bedroht wurde, weil ich einen Wiedehopf, auf den einer dieser »Jäger« angelegt hatte, aufscheuchte. Durch ein lautes Klatschen beider Hände!

»Shoshin« heißt im Japanischen »Anfänger-Geist«.[1] Sich das Gefühl des Anfangs zu bewahren, wie die Zen-Meister vorschlagen, ist kein geringer Auftrag. Man kann sich zwar bemühen, die Begeisterung, die Bewunderung, die Rührung nicht zu verlieren, aber ich erinnere mich an diese ersten Gefühle sehr genau, und ich glaube nicht, dass ihre Intensität wieder heraufzubeschwören ist. Und doch ist der Gedanke, sich dieses tiefe Staunen zu erhalten, richtig, und vielleicht ist allein schon die Bemühung darum der Weg, mit zunehmendem Alter nicht zunehmend nüchtern zu werden. Die Erlebensfähigkeit der Kindheit ist nicht beliebig zu verlängern, aber sie begleitet einen wie ein Echo, wenn man als Erwachsener vom Anblick der Vögel hingerissen ist. Und wenn sie verschüttet ist, kann man versuchen, sie wiederzuentdecken.

Wenn man beginnt, Vögel zu beobachten, liegt ein ebenso reiches wie unübersichtliches Feld vor einem. Viele Menschen, die es probiert haben, verzweifeln, wenn sie ein Vogelbuch durchblättern und die schiere Zahl der Vögel sehen, die in unserer Umgebung vorkommen. Überdies ähneln viele Vögel einander, was die Unterscheidung erschwert. Dann wird man auf die Stimme verwiesen, was die Sache indessen auch nicht unbedingt erleichtert. Ich habe Anfängern immer geraten, zunächst auf jeden Ehrgeiz zu verzichten, die Verwirrung gelassen hinzunehmen und mit einem möglichst schmalen Vogelbuch in die Natur zu gehen, einem Buch, das nur die geläufigen Vögel der Umgebung zeigt und auf die vielen Gäste verzichtet, die vielleicht auch mal auftauchen können, das aber in der Regel nicht tun. Wenn man nicht zu viel auf einmal will, wird man sich freuen, wenn man den einen oder anderen Vogel sicher erkennt. So arbeitet man der Entmutigung entgegen.

In Shunryu Suzukis *Zen-Geist, Anfänger-Geist* findet sich ein Kapitel, das er »Fehler in der Praxis« genannt hat, und er spricht da natürlich über Fehler in der Praxis der Meditation. Aber man kann dieses Kapitel auch übersetzen in die Fehler bei der Ausübung der Vogelbeobachtung und kommt zu genau denselben Folgerungen. Dort heißt es: »Wenn ihr idealistisch seid, dann habt ihr die Vorstellung, etwas zu erlangen. Sobald ihr euer Ideal oder Ziel erreicht habt, wird diese Vorstellung sich ein neues Ziel schaffen. Solange eure Praxis also auf einer Vorstellung von Gewinn gegründet ist und ihr Zazen auf eine idealistische Weise praktiziert, habt ihr keine Zeit, euer Ideal zu erreichen. Außerdem opfert ihr dabei die eigentliche Substanz eurer Übung.«[2] So ist es. Wahrscheinlich meint er mit »idealistisch« eher »ehrgeizig« oder zu sehr auf ein Ziel fixiert. Wenn man möglichst schnell zu einem Ergebnis kommen will, opfert man die Stadien, die dorthin führen und ebenso wertvoll sind wie das Ziel selbst. Diese Stadien sind immer auch Erfahrungen, auf die man nicht verzichten sollte. Besser ist es, sich keine Ziele zu setzen, langsam vorzugehen, lange hinzuschauen und geduldig zu sein. Dann wird man Dinge sehen, die man bei einem schnellen Voranschreiten nicht beachtet hätte, nicht nur Vögel, sondern auch ihre natürliche Umgebung, die Landschaft, das Laub der Büsche und Bäume, die Gräser und Sträucher und den Himmel mit seinen Wolken. Übt man das lange genug ein, ist es vielleicht sogar möglich, diese geduldige Genauigkeit auf den Umgang mit Menschen zu übertragen.

Es ist wie bei so vielen anderen Dingen, in die man sich einarbeiten muss – im Beruf, beim Sport, beim Spiel, was auch immer. Man muss es schaffen, gelassen darauf zu warten, dass es einem leicht von der Hand geht, man darf sich nicht davon entmutigen lassen, wenn man das zehnte Mal danebenliegt und einen Milan für eine Weihe hält oder eine Lerche mit einem der Pieper verwechselt. Wie man aus Malcolm Taits und Olive Taylers *Birdwatcher's Conpanion* erfahren kann, unterlaufen auch erfahrenen »Birdern« krasse Fehler wie die Verwechslung eines Adlers mit einem Reiher oder des Rufs eines Ziegenmelkers mit einem Autoalarm oder eines Großen Brachvogels mit einem Kaninchen.[3]

Und, falls das den Anfänger ermutigt, ich muss sagen, dass auch ich nach über sechzig Jahren der mehr oder minder intensiven Vogelbeobachtung manchmal unsicher bin. In der Welt der Vögel gibt es so viele Unterarten, Abweichungen, Variationen und, wenn es um die Stimme geht, Dialekte, dass auch der erfahrenste Vogelbeobachter öfter mal verwirrt dasteht. Dann gibt es Szenen wie diese: Ich war mit einem alten Freund auf Sylt und sah eine Gruppe von kleinen Vögeln, die weder er noch ich bestimmen konnte. Sie liefen da im Gras der Vordüne herum, unscheinbar und für uns rätselhaft. Ein weiterer Vogelbeobachter kam dazu und fragte ausgerechnet uns, was das denn für eine Vogelart sei. Wir wussten es nicht, und ich weiß es bis heute nicht. Solche Dinge passieren, und das ist auch nicht weiter schlimm. Ich bin sicher, dass mir diese Vogelart irgendwann noch einmal begegnen wird, und dann ist vielleicht jemand da, der oder die mir sagen kann, wie sie heißt. Oder ich stoße in einem Vogelbuch auf eine Beschreibung, die mir hilft.

In meiner Kindheit, in den Anfängen in Kiel, war es nicht

so, dass mir das Identifizieren der Vögel besonders am Herzen lag, wichtiger war mir, daran erinnere ich mich, die Schönheit der Vögel, die Pracht ihres Gefieders. Schon im Kindesalter haben mich Federn fasziniert, ihr Aufbau, ihre Leichtigkeit, und wenn ich eine fand, nahm ich sie mit nach Hause. Wer über die Schönheit der Vögel spricht, muss über die Feder sprechen. Damals schon steckte ich die gefundenen Federn in einen Becher, sodass sie wie ein Strauß Blumen herausguckten. Das ist eine Gewohnheit, die sich erhalten hat. Noch immer stehen in meinem Haus auf dem Lande diese Becher herum und erinnern an die fliegenden Geschöpfe da draußen. Der Zoologe Adolf Portmann hat der Vogelfeder diesen Hymnus geschrieben: »Seit langem suche ich in der Schatzkammer der tierischen Erscheinungen so etwas wie ein Gegenstück zur Vogelfeder. Ich finde keins. Es gibt nichts, was sich diesem leichten Gebilde aus Horn vergleichen ließe, was an Vielfalt der Leistung, an Eigenart der Struktur, an technischer Vollendung im Dienste verschiedenster Aufgaben der Feder gleichkäme.«[4]

Die Feder ist ein evolutionärer Glücksfall: Sie ermöglicht aufgrund ihrer Leichtigkeit und Flexibilität den Vögeln das Fliegen, schützt die Haut gegen schädliche Einflüsse; sie erlaubt dem Vogel durch verschiedene Stellung eine Regulierung seines Wärmehaushalts, sie verleiht ihm seine äußere Gestalt, Form und Farbe. Was Portmann nicht einmal erwähnt, ist ihre Schönheit.

Federn sind ästhetisch so interessant, weil sie etwas Vibrierendes haben, etwas Schillerndes, Uneindeutiges. Wenn man sich den hellgrauen Mantel einer Tafelente genau ansieht, die Federn des Rückens oder die Flanken, sind sie vielschichtig, ein verwirrendes Geflecht von Weiß, Grau und Schwarz. Unser Auge liebt alles, was nicht einförmig ist – vielleicht weil es vom Vielgestaltigen einer Weißdornhecke, des Waldbodens, eines Waldrands in den Herbstfarben herausgefordert wird und der

Monotonie einer Betonwand oder dem grauen Asphalt eines Parkplatzes nichts abgewinnen kann. Wie bei einem impressionistischen Gemälde ist unser Auge sofort engagiert, wenn es gilt, einzelne Reize zusammenzusetzen und das Ganze zu erkennen. Das scheint eine Tätigkeit zu sein, die unser optischer Sinn geradezu sucht. Das Monotone, Gleichförmige langweilt das Auge.

Es gibt ein Gedicht von Gerard Manley Hopkins, welches dieses Gescheckte, Gefleckte, Vielfarbige, Pointillistische als Schöpfung Gottes preist. Das Gedicht heißt »Pied Beauty«, vielleicht zu übersetzen als »buntscheckige Schönheit«. »Pied Piper« ist die englische Entsprechung unseres Rattenfängers, und damit soll wahrscheinlich gesagt werden, dass er vielfach geflickte Kleidung trug und daher gescheckt und bunt aussah. Die Beispiele, die Hopkins für seine »Pied Beauty«, die flirrende, vielfarbige Schönheit, findet, sind die Regenbogenforelle mit ihrer bunt gepunkteten Haut und die Flügel der Finken. Aber auch das Werkzeug der Handwerker zu seiner Zeit, die vielfältige Landschaft, die Felder und Knicks, aus der Ferne betrachtet, geben ein geschecktes, vielfarbiges Muster ab, das unser Auge erfreut.

Er nennt so ein Muster auch »dappled«, was an den Apfelschimmel erinnert, der im Englischen »dapple-gray« heißt. Und das zart getüpfelte Fell dieses Schimmels gehört ja auch zum Schönsten, was es in der Pferdewelt gibt. »Fickle, freckled«, sagt er, unklar, schillernd, sommersprossig, hin- und herspringend zwischen den Farben sind diese Dinge, die das Auge liebt und die Gott geschaffen hat. »Praise him«, lautet die letzte Zeile.[5]

Durch die Struktur der Feder erhalten die Schwingen der Vögel etwas Oszillierendes, im Licht Schimmerndes und in immer neuen Farben und Farbnuancen Spielendes, also genau das, was Gerard Manley Hopkins meinte. Seine »dappled things«, die gesprenkelten, getupften, abgeschatteten, nuancierten Dinge sind die schönsten, und in den Flügeln der Vögel, in ihren Federn, sind sie wunderbar ausgedrückt. Das beginnt mit den Finken, die Hopkins nennt, und es setzt sich fort in den merkwürdigen Baumrindenfarben des Wendehalses und weiter in den strahlenden Tönen der Enten und im Grau der Reiherschwingen. Diese Schönheiten sind unerschöpflich.

Wer mit dem Vogelbeobachten beginnt, kann es ganz gelassen tun. Er oder sie kann einfach zur Kenntnis nehmen, welchem Vogel man beim Spaziergang begegnet, kann ihn sich genau ansehen und sich an seiner Schönheit erfreuen. Man muss noch nicht mal wissen, wie der Vogel heißt – er weiß es ja auch nicht. Er ist einfach da. Und der Anfänger wird vielleicht bemerken, dass diese Gelassenheit, mit der das Zufällige hingenommen wird, dem Erleben etwas hinzufügt, etwas schwer zu Benennendes, das aber definitiv vorhanden ist. Man erlernt eine Haltung, die sich auch in anderen Ecken und Etagen des Lebens als wertvoll erweisen wird: sich nicht so leicht frustrieren lassen, eine Geduld entwickeln, die aus der Erkenntnis erwächst, dass sich nichts Natürliches erzwingen lässt, dass es immer wieder solche Begegnungen geben wird, sodass man auch eine entgangene Gelegenheit mit einem Lächeln akzeptieren kann.

Das Glück des Anfangs liegt darin, dass ein großer Reichtum vor einem liegt, dass jeder Vogel, den man sieht, ein Glücksgefühl erzeugt. Diese ursprüngliche Begeisterung nicht zu verlieren ist die Aufgabe. »Im Anfänger-Geist gibt es viele Möglichkeiten, im Geist des Experten nur wenige«, sagt Shunryu Suzuki. »Wenn ihr zu viele Unterscheidungen trefft, begrenzt ihr euch selbst. Wenn ihr zu viel verlangt oder zu gierig seid, ist euer Geist nicht reich und selbstgenügsam.«[6]

Die Kopplung von »reich« und »selbstgenügsam« finde ich faszinierend, denn sie trifft ziemlich genau auf das Vogelbeobachten zu. Es ist ein ohne Zweifel selbstgenügsames Tun, allein am Ufer eines Sees zu stehen und zuzuschauen, wie ein Gänsesäger bei seiner Jagd auf Fische das Wasser durchpflügt, und zugleich macht es reich. Es erfüllt einen.

Selbstverständlich ist es schön, wenn man das Erlebnis teilen kann mit einem Freund oder einer Freundin, aber auch wenn man allein ist, hat man oft das Gefühl einer tiefen Befriedigung, wenn man einen Vogel gesehen hat, besonders einen, den man schon lange vermisst hat.

Und noch etwas anderes spricht aus diesen Worten Suzukis über den Reiz des Anfangs: Es kommt vor allem darauf an, sich nicht selbst einzuengen, sich selbst keine künstlichen Grenzen aufzuerlegen, Grenzen und Einschränkungen, die gar nicht existieren müssten. Solche Grenzen bestehen aus sehr banalen Dingen, die wir oft ganz selbstverständlich akzeptieren, ohne sie zu hinterfragen: zum Beispiel die Ansicht, dass Wiederholungen langweilig sind, dass man stets Neues erleben möchte, dass Anfänge schnell zu überwinden sind, um möglichst bald als Experte anerkannt zu werden. Dass man die Peinlichkeit vermeiden möchte, einen Vogel falsch zu benennen, dass man nervös wird, wenn man mit einem Birdwatcher zusammen ist, der alles besser weiß. Dass man einen seltenen Vogel unbedingt sehen will, dass man Vögel, die man oft sieht, nicht mehr beachtet. Dies alles sind Grenzen, die wir uns selbst ziehen und die bei genauerer Betrachtung ganz überflüssig sind. Über allem steht das Erleben, der tiefe Eindruck, den die Schönheit eines Gimpels im Schnee oder eines Kranichkeils am Abendhimmel hinterlässt, und der sich auch durch die Wiederholung nicht abstumpft, wenn man sich ihm überlässt.

Als Kind kam es mir so vor, als holte das Fernglas nicht die Vögel zu mir heran, sondern als versetzte es mich direkt unter sie. Ich habe später diese merkwürdige Wirkung des Fernglases immer wieder überprüfen können. Manchmal lässt einen ein

Rotkehlchen im Garten oder auch ein Steinschmätzer in den Dünen dicht an sich heran, sodass man ihn auch ohne Glas aus der Nähe betrachten kann. Wenn man dann ein paar Schritte weitergeht und den Vogel aus der Entfernung mit dem Fernglas beobachtet, ergibt sich eine ganz andere Sicht. Zum einen bilden die Ränder des Glases einen Rahmen, in dem man den Vogel sieht, einen Rahmen, der wie bei einem Gemälde alles andere ausschließt, sodass der Blick sich wie von selbst konzentriert und beruhigt. Zum anderen sieht man im Glas die Größenverhältnisse anders – sozusagen aus dem Blickwinkel des Vogels. Es wird plötzlich klar, wie groß die Büsche und selbst die Dünengräser für den kleinen Steinschmätzer sind, wie sehr sie ihn überragen und umgeben. Seine Welt ist eine ganz andere als unsere, er kann nicht anders, als sie an sich selbst zu messen, und unsere Singvögel sind klein. Ein Baum ist eine riesige Wildnis, und ein Knick für ihn das, was für uns ein ganzer Wald ist. Die Scheu der Vögel hat natürlich auch etwas mit der Angst vor der Größe des Menschen zu tun, und umso rührender ist es, wenn ein Rotkehlchen sich nach langer Bekanntschaft auf mein Knie stellt, oder Blaumeisen aus der Hand fressen. Wann immer mir das passiert, habe ich das Gefühl, dass die Hand leichter wird, wenn ein kleiner Vogel darauf landet.

Durch das Fernglas also wird die Welt, in der der Vogel lebt, in seinen Dimensionen erfahrbar. Meine erste Reaktion als Kind war nicht ganz falsch. Das Fernglas vergrößert nicht nur, es versetzt den Betrachter in die Welt der Vögel. Mit dem Spektiv, das sehr viel stärker vergrößert als das Fernglas, wird dieser Eindruck noch intensiver. Es ist besonders am Meer, vor allem am Watt der Nordsee, unverzichtbar, weil viele Vögel weit draußen am Flutsaum herumlaufen und man sie nur mit einer solchen Vergrößerung bestimmen kann. Und nur mit dem Spektiv kommt man unter sie, kann sich zwischen ihnen bewegen und sie betrachten und bewundern, ohne sie zu stören. Das

Fernglas und das Spektiv erlauben eine, wenn man es so ausdrücken darf, unaufdringliche Annäherung, man sieht die Vögel genau, aber man fällt ihnen nicht zur Last. Die Begegnung mit dem Vogel hat immer etwas Zufälliges und Flüchtiges. Kaum sieht man ihn, ist er auch schon wieder weg. Vögel sind freie Geschöpfe, und in der Begegnung mit ihnen sollten wir auch frei sein, nicht getrieben von dem Ehrgeiz, so viele Vögel wie möglich zu sehen. Im Zen-Buddhismus gilt der Vogel als Symbol einer hohen Tugend: der Tugend, keine Spuren zu hinterlassen. So wie der Vogel die Welt nur leicht und flüchtig bewohnt, sollte auch der Mensch im Umgang mit der Natur so wenig Spuren wie möglich hinterlassen. Das ist eine Botschaft, die wie für unsere Zeit gemacht ist.

Deshalb haben alle Birdwatcher immer ein Glas um den Hals, wenn sie sich in der Natur bewegen. Das wird praktisch zu einem konditionierten Reflex: Wenn man irgendwo auf der Welt in der Natur spazieren geht, hat man das Glas immer dabei. Das ist natürlich, wenn man sehr streng ist, eine Einschränkung – man braucht dieses Werkzeug, aber andererseits ist das Vogelbeobachten eine so einfache Tätigkeit, etwas so Leichtes, dass man diese Einschränkung gerne auf sich nimmt. Unsere Augen sind nun mal nicht so gut wie die eines Habichts.

Beim Vogelbeobachten ist es wichtig, sich selbst gegenüber ehrlich zu bleiben und sich, wie bereits gesagt, Zweifel zu erlauben. Man kann das die Ethik des Birdwatching nennen. Nichts ist schlimmer, als etwas unbedingt gesehen haben zu wollen, meist etwas Seltenes. Das erschüttert das Vertrauen in die eigene Beobachtungsgabe, und es entwertet das Erleben. Es geht ja darum, die Beobachtung sozusagen anstrengungslos zu erleben. Man geht spazieren oder man wandert, immer mit dem Fernglas um den Hals, und die Vogelbeobachtung fügt diesem Spazierengehen oder Wandern etwas hinzu, mehr nicht. Wenn wir uns den grenzenlosen ursprünglichen Geist bewahren, zu uns selbst wahrhaftig sind, dann, so sagt Suzuki, »fühlen wir mit allen Wesen«. Das ist ein großartiger Gedanke: Solange wir uns selbst nicht verengen, sind wir in der Lage, andere Wesen gewissermaßen aufzunehmen, mit ihnen zu fühlen. »Der Geist des Anfängers ist der Geist des Mitgefühls.«[7]

Das einfache Dahinschlendern und die zufällige Begegnung mit den Vögeln, das Absichtslose daran, sind etwas Wunderbares und zutiefst Berührendes. Vor einiger Zeit bin ich auf Sylt am Watt entlanggegangen und habe im Licht der schon tief stehenden Sonne Austernfischer, Brandenten und Große Brachvögel vor einer Buhne stehen sehen. Es war ein prachtvoller Anblick. Das Licht betonte ihre Farben, das Rot, Weiß und Schwarz der Brandenten, das Schwarz-Weiß der Austernfischer und das gebänderte Braun der Brachvögel mit ihren langen, heruntergebogenen Schnäbeln. Jeder, der an der Nordsee spazieren geht, hat sie schon mal gesehen, aber ihr Anblick ist immer wieder neu. Und das Abendlicht gab ihnen eine ganz eigene Betonung, es war, als ob zwischen dem Betrachter und der Szene im Watt eine klare, aber blau eingefärbte Scheibe stünde, die alles in eine Märchenwelt verwandelte. Ich blieb lange dort stehen, bis die Dämmerung das Licht eintrübte und man die Vögel kaum mehr unterscheiden konnte. Ihre Rufe hörte man umso deutlicher über dem Watt.

Wenn man das Vogelbeobachten schon länger betreibt, verbinden sich solche Bilder mit anderen, die man früher erlebt hat – es ist wie ein Echo, das die Gegenwart durch die Erinnerung bereichert. Bei einem Besuch der Outer Banks, einer Inselkette, die vor der Atlantikküste von North Carolina liegt, stand ich eines Morgens an einer Lagune und eine Gruppe von etwa zwanzig Black Skimmers kam auf mich zugeflogen, den Unterkiefer wie einen kleinen Pflug durch das stille, schwarze Wasser ziehend. Jeder der Vögel hinterließ eine helle Spur auf der dunklen Oberfläche der Lagune. Die Schwarzmantel-Scherenschnäbel – so nennt man sie im Deutschen – ernähren sich auf diese einzigartige Weise, sie haben einen längeren und stärkeren Unterkiefer und ziehen ihn, dicht über der Wasseroberfläche fliegend, durch das Wasser und sammeln auf diese Weise kleine Krebse und andere Wassertiere ein. Sie ähneln ein wenig den Seeschwalben, haben denselben leichten, gaukelnden Flug. Ich hatte sie noch nie gesehen und war von diesem Bild tief getroffen.

Und ich erinnerte mich in diesem Augenblick – das war das Echo – an ein Bild aus meiner Kindheit, das mich ebenso bewegt hatte. In einem strengen Winter in den Fünfzigerjahren fror die Kieler Förde zu, was, wenn ich mich richtig entsinne, in meiner Lebenszeit nur zweimal geschah. Wir gingen mit der Familie bei Laboe spazieren, und dort, vor dem Strand, hatten Vogelschützer eine Wasserfläche etwa in der Größe eines Fußballplatzes vom Eis befreit, damit die Vögel überleben konnten. Auf dem dunklen Wasser, eingerahmt vom in der Sonne hellgrauen Eis mit weißen, aufgehäuften Schneerändern, schwammen Hunderte Enten und Gänse herum. Dort sah ich zum ersten Mal alle drei Säger zusammen: den Gänsesäger, den Mittelsäger und den Zwergsäger. Ich war so begeistert von diesem Bild, dass ich lange stehen blieb und die Familie, die weiter am Strand entlangging, ganz aus den Augen verlor. Die drei Säger zusammen zu sehen war für mich zutiefst aufregend, den Zwergsäger hatte ich überhaupt noch nie gesehen. Und als ich an der Küste von North Carolina dieses ähnlich intensive Bild vor mir hatte, die in ihrem Seeschwalbenflug auf mich zusteuernden Black Skimmer, tauchte jenes so lang zurückliegende Bild der drei Säger auf dem schwarzen Wasser der zugefrorenen Förde wieder auf wie eine Untermalung.

Die Eindrücke wandern hin und zurück, und der spätere wird durch den früheren verstärkt, sie sind miteinander verbunden, weil sie in eine Kette von Beobachtungen gehören, die alle eines gemeinsam haben: die Faszination, die von den Vögeln ausgeht. Man vergisst sie nicht und kann sie jederzeit wachrufen. Bis ins Gestern reihen sich diese Bilder aneinander, sie sind wie ein Buch, in dem man immer wieder lesen kann. Die Erinnerung bewahrt es, und der Klang dieser Bilder ist immer da, es ist der Klang der Natur.

Wenn man die Natur nicht mehr wahrnimmt, ist man in Gefahr, wie Suzuki es ausdrückt, die Bedeutung des ursprünglichen Geistes zu verlieren. Was er, so glaube ich, meint, ist, dass man Gefahr läuft, das unmittelbare Erleben aufzugeben und damit das zu verlieren, was uns mit der Natur verbindet, mit der um uns und mit der in uns.

Der Klang der Natur ist überall. »Wir kennen den Klang von zwei klatschenden Händen – aber was ist der Klang einer einzelnen Hand?« Zu diesem berühmten Kōan sagt Suzuki, dass man den Klang der einzelnen Hand hören kann, weil in Wirklichkeit eine Hand Klang *ist.* »Wenn ihr mit zwei Händen klatscht, könnt ihr den Klang hören. Doch wenn der Klang nicht schon existierte, bevor ihr klatscht, dann könntet ihr ihn nicht erzeugen. Bevor ihr ihn hervorbringt, ist der Klang schon da. Weil es Klang gibt, könnt ihr ihn erzeugen, und ihr könnt ihn hören. Klang ist überall. Wenn ihr das einfach praktiziert, ist der Klang da. Versucht nicht, ihn zu hören. Wenn ihr ihn nicht zu erlauschen versucht, ist der Klang überall.«[8]

Danksagung

Danken möchte ich Cord Riechelmann für die Durchsicht des Textes auf ornithologische Richtigkeit, Niels Bader für die Korrektur der Kapitel zum Zen-Buddhismus und Michael Maar für seine stilistischen Hinweise. Und ich danke meiner Frau Henrike für die mehrfache kritische Lektüre der einzelnen Kapitel.

Anmerkungen

Kapitel I

1 Theodor Storm, »Meeresstrand«, in: *Sämtliche Werke*, Berlin und Weimar 1967, Bd. I, S. 112/13.
2. Charles Baudelaire, »L'Albatros«, in: *Œuvres Complètes*, Paris 1961, S. 9.
3. Samuel Taylor Coleridge, »The Rime of the Ancient Mariner«, in: *Poems*, New York 1999, S. 242.
4. Ernest Shackleton, *Südwärts*, Wiesbaden 2014, S. 285.
5. Thomas Stearns Eliot, »The Waste Land«, in: *The Complete Poems and Plays*, 1909–1950, New York 1971, S. 48.

Kapitel II

1. C. G. Jung, »Geleitwort«, in: Daisetz T. Suzuki, *Die große Befreiung*, München 2012, S. 12.
2. Suzuki, *Die große Befreiung*, S. 50.
3. Suzuki, *Die große Befreiung*, S. 79.
4. Heinrich Dumoulin, *Geschichte des Zen-Buddhismus*, Bd. II, Japan, Bern 1986, S. 5.
5. Dumoulin, S. 41.
6. Dumoulin, S. 44.
7. Dumoulin, S. 51.
8. Dumoulin, S. 55.
9. Dumoulin, S. 69.
10. ebd.
11. Dumoulin, S. 70.
12. Suzuki, *Die große Befreiung*, S. 14.

13. Jung, »Geleitwort«, S. 12.
14. Jung, »Geleitwort«, S. 30/31. Unter »Disposition« versteht Fromm die Gesamtheit der im jeweiligen Menschen vorhandenen Vorstellungsmöglichkeiten, d.h. Bewusstes und Unbewusstes.
15. D.T. Suzuki, *Essays in Zen-Buddhism*, II, New York 1953, S. 46.
16. Jung, »Geleitwort«, S. 27.
17. Erich Fromm, »Psychoanalyse und Zen-Buddhismus«, S. 138/139, in: Fromm, Suzuki, di Martino, *Zen-Buddhismus und Psychoanalyse*, Frankfurt a.M. 1971
18. Fromm, S. 139.
19. Fromm, S. 122.
20. Fromm, S. 140.
21. Fromm, S. 149.
22. Rainer Maria Rilke, *Die Aufzeichnungen des Malte Laurids Brigge*, in: Werke II, Leipzig 1953, S. 19.
23. James Kingsland, *Die Hirnforschung auf Buddhas Spuren*, Weinheim 2017, S. 72.
24. Kingsland, S. 140.
25. Der Spiegel, Nr. 30, 2018, S. 103.
26. Kingsland, S. 141/142.
27. Kingsland, S. 14.

Kapitel III

1. Matsuo Bashō, *Hundertundelf Haiku*, ausgewählt und übersetzt von Ralph-Rainer Wuthenow, Frankfurt a.M. 2014, S. 48.
2. Henry David Thoreau, *Walden*, New York 2016, S. 6.
3. Rachel Carson, *Silent Spring*, Boston 1962

Kapitel IV

1. Dumoulin, S. 324.
2. Bashō, *Hundertundelf Haiku*, S. 95.
3. Dumoulin, S. 202.
4. Dumoulin, S. 205.
5. Matsuo Bashō, *Auf schmalen Pfaden durchs Hinterland*, übersetzt und mit einer Einführung von G. S. Dombrady, Mainz 2016, S. 43. Der erste Satz ist ein Zitat einer ähnlichen Zeile von Li Po (699–762).
6. Bashō, *Hinterland*, S. 45.
7. ebd.
8. Bashō, *Hinterland*, S. 149.
9. Bashō, in: Dumoulin, S. 322.
10. Dumoulin, S. 320.
11. Dumoulin, S. 324.
12. Bashō, *Hundertundelf Haiku*, S. 83.
13. Bashō, *Hinterland*, S. 135.
14. Bashō, *Hundertundelf Haiku*, S. 67.
15. Bashō, *Hinterland*, S. 255.
16. Bashō, *Hinterland*, S. 89.
17. Bashō, *Hinterland*, S. 53/55.
18. Bashō, *Hinterland*, S. 69.
19. Bashō, *Hinterland*, S. 185.
20. Bashō, *Hinterland*, S. 223.
21. Bashō, *Hinterland*, S. 275.
22. Bashō, *Hinterland*, S. 277.
23. Bashō, *Hundertundelf Haiku*, S. 123.

Kapitel V

1. Shunryu Suzuki, *Zen-Geist, Anfänger-Geist*, Bielefeld 2014, S. 31.
2. Gerhard Pfeifer, *Die Vögel der Insel Sylt*, Husum 2005, S. 496

3. Gordon H. Orians, »The Significance of Grouping in Blackbirds«, in: Lukas Felzmann, *Swarm*, Baden, Schweiz 2014 (das Buch hat keine Seitenzahlen).
4. ebd.
5. ebd.
6. Cord Riechelmann, FAS, 18.3.2018, S. 11.

Kapitel VI

1. Mary Leister, »Spring Passage, the Whistling Swan«, in: Mary Beacom Bowers (Hg.), *Stories About Birds and Birdwatchers*, New York 1981, S. 33–36.
2. dt. Ausgabe: Malcolm Tait, Olive Tayler, *Vögel. Von eleganten Elstern, graziösen Gänsen und zaghaften Zeisigen*, Hamburg 2008, S. 13.

Kapitel VII

1. Tait, Tayler, S. 9.
2. Jennifer Ackerman, *Die Genies der Lüfte*, Hamburg 2017, S. 195.
3. Ackerman, S. 125.
4. Ackerman, S. 126.

Kapitel VIII

1. Johann Friedrich Naumann, *Die Naturgeschichte der Vögel Mitteleuropas*, Gera 1897–1903, Band III, S. 260.
2. Naumann, Bd. III, S. 262.
3. ebd.
4. John Keats, *The Poems*, New York 1999, S. 221.
5. Martin Mosebach, *Was davor geschah*, München 2010, S. 10.
6. ebd.
7. ebd.
8. Heinz Tiessen, *Musik der Natur*, Zürich 1989, S. 14.